KB036913

化學實驗開外掛 by 陳施玎（東方王）
內文插畫：楊章君

슬기롭게 써먹는 화학 치트키

슬기롭게 써먹는 화학 치트키

펴낸날 2024년 5월 30일 1판 1쇄

지은이 천페이딩
옮긴이 유연지
그린이 양장쥔
펴낸이 김영선
편집주간 이교숙
책임교정 나지원
교정·교열 정아영, 이라야, 남은영
경영지원 최은정
디자인 박유진·현애정
마케팅 신용천

발행처 (주)다빈치하우스-미디어숲
주소 경기도 고양시 덕양구 청초로66 덕은리버워크 B동 2007호~2009호
전화 (02) 323-7234
팩스 (02) 323-0253
홈페이지 www.mfbook.co.kr
출판등록번호 제 2-2767호

값 18,800원
ISBN 979-11-5874-220-1(43430)

(주)다빈치하우스와 함께 새로운 문화를 선도할 참신한 원고를 기다립니다.
이메일 dhhard@naver.com (원고 및 기획서 투고)

- 미디어숲은 (주)다빈치하우스의 출판브랜드입니다.
- 파본은 구입하신 서점에서 교환해 드립니다.

슬기롭게 써먹는 화학 치트키

천페이딩 지음 · 양장쥔 그림 · 유연지 옮김

교과서와 연계되는
생활 속 과학 실험

호기심 대마왕 여러분을 실험의 세계로 초대합니다!

미디어숲

서문

우리 함께 실험의 세계로 떠나요!

과학 실험을 하면서 예상치 못한 현상을 목격했을 때, 실험에 참여한 사람들은 '왜?'라는 질문을 던집니다. 이는 가장 간단하지만 대답하기 어려운 질문입니다. 왜냐하면 실험의 원리는 몇 마디 말로 딱 떨어지게 설명할 수 없기 때문입니다.

색의 변화에 관해 이야기해 보겠습니다. 눈에 보이는 색 변화는 물질에 화학적 변화가 일어났다는 것을 의미합니다. 색의 변화는 시각적으로 명확하게 드러나는 현상이기 때문에 과학 실험에서도 중요하게 다뤄집니다. 산·염기 지시약의 색깔 변화를 통해 우리는 물질을 두 가지 유형으로 나눌 수 있게 되었고, 이는 아레니우스의 산·염기 정의를 이해하는 데도 도움이 됩니다. 아레니우스의 산·염기 정의에서 수소 이온(H^+)과 수산화 이온(OH^-)은 단순히 전해질의 개념에 국한되지 않고 원자, 전자, 양성자와 같은 미립자의 개념까지 아우릅니다. 비타민C 때문에 요오드 용액이 색을 잃는 것도 물질의 색이 변화하는 예입니다. 이 반응에 참여하는 물질은 삼

요오드화 이온으로, 이는 무기화학에서 자세히 다뤄지는 물질입니다. 요오드 용액의 색 변화 실험의 핵심 원리는 산화 환원 반응입니다. 여기서 말하는 산화 환원 반응은 우리가 초등학생 때 배우는 좁은 의미의 산화 환원 반응(물질이 산소와 결합하거나 산소를 잃는 반응)이 아니라, 넓은 의미의 산화 환원 반응(물질이 전자를 잃거나 얻는 과정)을 의미합니다.

과학 실험을 통해 즐거움을 느끼며 지식을 확장하고, 나아가 깊이 있는 학습으로 이어지게 만드는 것이 과학 교육의 이상적인 목표입니다. 하지만 안타깝게도 교육 현장에서는 많은 활동이 형식적으로만 이뤄지고 있으며, 실험을 통해 의미 있는 지식을 얻기보다는 단편적인 지식 습득에 그치는 경우가 많습니다.

어느 실험 수업에서 저는 학생들에게 몇 가지 약품을 서로 혼합해 보고 관찰한 것을 기록하도록 했습니다. 그 결과 어떤 조의 학생들은 '탄산나트륨 용액에 산을 떨어뜨렸을 때'라는 항목에 '변화 없음'이라고 적었습니다. 하지만 제가 가까이 가서 관찰하니 마치 사이다처럼 투명하고 기포가 많았습니다. 그래서 학생들에게 좀 더 자세히 관찰해 보라고 말했더니 "기포가 생긴 것도 적나요?"라고 물었습니다. 그러자 다른 학생들도 너 나 할 것 없이 기포가 생긴 것을 기록했는지 확인하기 시작했습니다. 학생들은 이어서 또 질문을 했습니다. "거품이 생긴 것도 반응이 일어난 것이라고 볼 수 있을까요?"

몇 차례의 질문을 통해 아이들은 마침내 깨달았습니다. 학생들은 자신 있게 '변화 없음'이라고 썼던 관찰 기록을 '이산화탄소 기체가 생성되었다'라고 고쳤습니다. 그런데 이 아이들이 어떻게 눈으로만 보고 기포의 성분이 이산화탄소라고 말했던 걸까요?

처음에는 그 반 학생들만 겪은 문제라고 생각했는데, 다른 반 학생들도, 심지어 다음 해에 만난 학생들도 실험 도중 비슷한 상황에 직면했습니다. 제 머릿속에서는 수백만 개의 물음표가 떠올랐습니다.

'기포는 물질을 하나로 혼합할 때 만들어지는 걸까요? 기체가 생성되었다는 것은 화학 변화가 일어났다는 의미일까요? 그동안 여러분은 '이산화탄소 기체인지 어떻게 확인할 수 있나요?'라는 시험 질문에 항상 '석회수로 확인한다'라고 적지 않으셨나요? 여러분에게 어떤 현상을 관찰하고 기록해달라고 했을 때, 관찰한 결과를 기록하지 못하고 망설이는 이유는 무엇인가요?'

저의 지난 모습을 회상해 볼게요. 실제로 산을 떨어뜨렸을 때 기체가 생기는 것을 본 적이 있냐고요? 아뇨, 없습니다. 침전물이 생기는 과정을 자세히 관찰한 적이 있냐고요? 이 또한 없습니다. 물질이 연소할 때 나타나는 불꽃색을 제대로 관찰한 것도 제가 교사 연수를 받을 때였습니다. 물론 정해진 수업 시간 안에 실험을 끝내야 하니 제대로 관찰할 기회가 별로 없는 것도 사실입니다. 하지만 우리가 실험을 너무 복잡하고 어려운 것으로만 생각하기 때문은 아닐까요? 실험실에서 사용하는 염산은 식초나 구연산으로 대체할 수 있고, 탄산나트륨은 베이킹소다나 달걀 껍데기로도 대신할 수 있습니다.

저는 이런 생각에서부터 출발해 일상에서 구할 수 있는 재료를 가지고 실험을 시작했습니다. 대상은 학창 시절의 저 자신이었고, 목표는 최소한의 비용으로 혼자서 모든 재료를 수집하는 것이었습니다. 요즘은 화학약품도 온라인에서 편리하게 구할 수 있습니다. 하지만 모든 학생이 경제적으로 지원받을 수 있는 것이 아니기에, 저는 일상에서 쉽게 구할 수 있는 재료를 사용해야 한다는 점을 중요하게 생각했습니다.

우리는 파란색 셀로판지로 빛을 여과시켜 일반 조명으로도 지폐를 감별할 수 있고, 연필을 갈아 만든 탄소 가루와 면봉을 이용해 지문을 채취할 수 있습니다. 또한 초산칼슘 용액이 없어도 식초와 달걀 껍데기가 반응하고 남은 액체로 대신할 수 있습니다. 그 밖에도 폐기된 레이저 포인터의 렌즈, 낡은 충전 케이블, 오래된 라이터 등의 폐기물에서도 실험 재료를 찾을 수 있습니다. 가정에서 해볼 수 있는 화학 실험의 범위가 점점 넓어지면서 많은 실험 원리가 서로 연결되어 있다는 사실을 깨닫게 되었고, 저는 점점 대담한 아이디어가 떠올랐습니다.

'다양한 실험들이 서로 연계되어 이어지는 새로운 형태의 과학 교재를 만들어 보면 어떨까?'

저는 다양한 실험을 나열하고, 분류하고, 마인드맵을 그리는 등의 작업부터 시작했습니다. 그렇게 몇 주가 지나면서 생각은 점점 명확해졌습니다. 생각을 구체화하고 그것을 글로 옮기기까지 또 1년이라는 시간이 흘렀습니다.

이 책은 쉽게 구할 수 있는 재료를 사용함으로써 독자들이 직접 실험해 볼 수 있도록 유도하고, 비슷한 재료를 이용해 또 다른 실험을 해볼 수 있도록 구성되어 있습니다. 등장하는 인물들 간의 대화는 언뜻 보면 실험 내용과 상관없는 이야기처럼 보일 수 있으나, 실제로는 실험 내용과 모두 연결되어 있고 대화 내용도 점점 깊어집니다. 이는 기존의 과학 교재와는 다르게 독자들이 과학을 보다 더 넓은 시각으로 바라보고, 과학의 재미에 서서히 빠져들 수 있도록 도와줍니다.

저는 개인적으로 과학 서적이지만 이야기책이면서 참고서가 될 수 있는 과학책을 쓰고 싶었습니다. 이 책을 통해 실험을 해 보고 싶지만 여건상 시도해 보지 못했던 학생들이 쉽고 간단한 방법으로 과학을 즐길 수 있기를 바랍니다.

저자 천페이딩(동방왕)

CONTENTS

제 1 단원
삼투에 대해 알고 싶다면 달걀 하나로 시작해 보세요

제 2 단원
연소를 통해 배우는 화학

CONTENTS

제 4 단원

과학 탐정이 되어 진실에 가까이 다가가다

제 5 단원

병을 이용한 다양한 과학 실험

실험 공약

★ 안전 지침을 주의 깊게 읽고 실험 내용에 따라 장갑, 실험용 보안경(또는 고글), 실험복, 긴 바지와 신발 등을 착용합니다. 또한 긴 머리는 단정하게 묶겠습니다.

★ 실험을 수행하기 전에 모든 실험 과정을 숙지하겠습니다. 간단한 설명을 듣고도 실험 내용을 기억하고 수행할 수 있습니다.

★ 실험 중 뛰거나, 화학약품을 장난으로 뿌리거나, 총알을 사람에게 겨누어 발사하는 등의 위험한 행동을 하지 않겠습니다.

★ 칼이나 날카로운 집게와 같은 위험한 도구를 사용할 때, 혹은 불에 가열하는 실험을 할 때는 특별히 주의를 기울이겠습니다. 필요한 경우 부모님, 보호자, 선생님의 도움을 받아 진행하겠습니다.

★ 불을 사용하기 전에 주변에 가연성 물질이 없는지 확인하고, 불을 끌 때 사용할 젖은 수건도 함께 준비하겠습니다. 불을 사용하는 실험은 부모님, 보호자, 선생님의 허락하에 혹은 감독하에 진행하겠습니다.

★ 실험 전과 후에는 반드시 비누로 손을 깨끗이 씻겠습니다.

★ 실험을 마친 후 실험 기구들을 깨끗이 세척하고, 실험 테이블을 정리 정돈하겠습니다.

★ 실험 중 실수로 화학약품이 묻었을 경우, 당황하지 않고 침착하게 물로 씻어 내겠습니다.

★ 예상치 못한 작은 화재가 발생하면 젖은 걸레로 불을 덮어 끄는 등 침착하게 대응하겠습니다.

★ 무무의 깃털을 소중하게 여기며 안전한 실험을 위해 최선을 다하겠습니다!

CHARACTER

등장인물

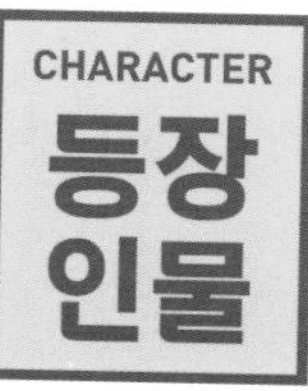

성진

시험 성적 1등 모범생. 교과서에 없는 지식을 많이 알고 있다. 하지만 이론 지식만 빠삭하고 실전 경험이 부족하다.

예나

창의력 1등. 기상천외한 아이디어를 가지고 있다. 손재주가 좋아 만들기에 능숙하다. 아이디어 내는 것을 좋아하지만, 시험에는 약하다.

동방왕

괴짜 화학 선생님. 주변에 있는 물건을 가만히 놔두지 못하고 실험에 사용하는 열정적인 화학 선생님이다. 같이 살고 있는 앵무새마저 실험의 달인이 되었다.

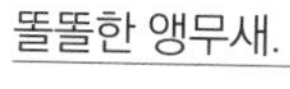

무무

똘똘한 앵무새.

아름다운 깃털이 불에 탈까 봐 실험할 때는 안전을 가장 중요하게 생각한다.

제1단원

삼투에 대해 알고 싶다면 달걀 하나로 시작해 보세요

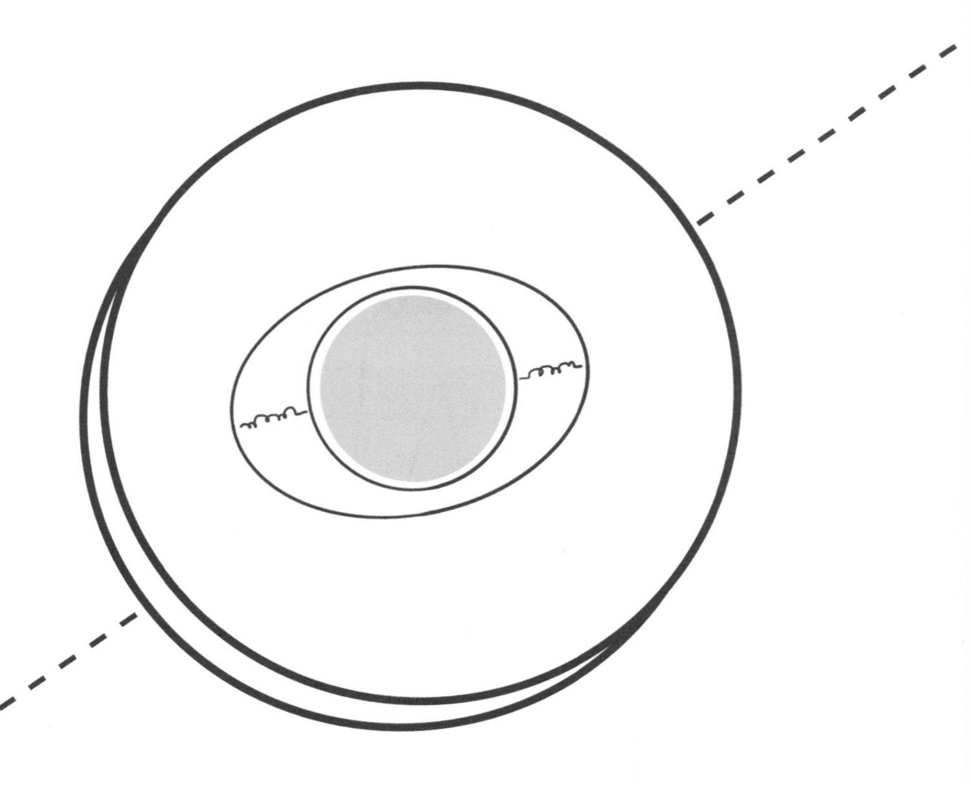

EGG+OSMOSIS

아침에는 달걀 프라이, 점심에는 장조림 달걀, 저녁에는 토마토 달걀 볶음밥까지. 하루 삼시 세끼에 빠지지 않는 달걀! 이제는 달걀 껍데기를 버리지 마세요. 달걀 껍데기에서 배울 수 있는 화학 지식이 아주 많으니까요.

새로 오신 괴짜 화학 선생님과 그의 귀여운 앵무새 무무가 진행하는 첫 수업! 이 단원에서는 화학 반응이 일어나는 과정을 직접 관찰해 보고, 같은 원리를 이용해 껍데기가 없는 달걀을 만들어 볼 예정입니다. 아울러 반투과성 막의 특성과 삼투 현상에 대해 자세히 공부해 봅시다.

START

교과 학습 내용

- 세포의 구조와 기능
- 수용액 안에서 일어나는 변화
- 산·염기 반응

대리석은 너무 비싸! 대리석 없이도 이산화탄소를 만들어 낼 수 있어요!

 : 화장실 청소할 때 염산을 대리석 바닥에 떨어뜨리면….

(식당에서 아침밥을 먹으며 숙제하는 중)

 : 답은 이산화탄소. CO_2!

 : 그건 그냥 제목을 옮겨 쓰는 거잖아. 실험을 안 하니까 재미없다.

 : 새로 오시는 선생님은 실험 수업을 많이 해주셨으면 좋겠어.

 : (머리를 쓱 내밀고 본다)

 : 우리 염산 챙겨서 화장실 청소나 하러 갈래?

 : 삐삐삐! 위험 경고!

 : 너희 어머니가 이걸 아신다면 꽤나 긴장하시겠지만, 다행히

이 실험은 달걀 껍데기와 식초만 있으면 가능하단다!

  : (누구지?)

EXPERIMENT

실험 재료 : 달걀 껍데기, 식초, 탄산음료 또는 기타 용액, 그릇

실험 과정 :

❶ 잘게 부순 달걀 껍데기를 그릇에 담은 뒤 식초를 넣고 변화를 관찰합니다.

❷ 식초 대신 가정에서 구할 수 있는 다른 용액으로 바꿔 그 용액을 달걀 껍데기에 부어주세요. 여러 가지 용액을 사용해 이 과정을 반복합니다. 그리고 어떤 용액이 달걀 껍데기와 반응하는지, 그 용액들끼리 어떤 공통점이 있는지 찾아보세요.

: 윽, 냄새가 지독해! 누가 우리를 노려보고 있는 것 같아.

: 화학 반응이 일어났으니 지독한 냄새가 나는 거야. 쟤네들 실험이 정말 하고 싶은가 봐.

: 넌 또 누구야?

: 무무한테 무례하게 대하는 학생은 실험에서 제외할 테니 주의하도록!

화학 반응이 발생한다는 것은 물질이 근본적으로 변화했다는 것을 의미합니다. 물론 모든 화학 반응이 외관상으로 뚜렷한 변화를 동반하는 것은 아니지만, 몇몇 반응은 눈에 띄는 변화를 나타냅니다. 예를 들어 물질의 색깔이 변하기도 하고, 연소 및 기체가 발생하기도 합니다. 심지어 특정한 냄새가 나기도 합니다. 이러한 현상들이 바로 화학 반응이 일어나고 있다는 증거입니다.

화학적 변화와 상대적인 개념인 **물리적 변화**는 물이 얼거나 알코올이 휘발되는 것과 같이 물질의 상태가 고체, 액체, 기체로 변하는 것을 의미합니다. 화학적 변화와 물리적 변화는 물질의 성분이 달라지는지의 여부와 변화가 일어나는 데 필요한 **에너지양**에서 차이가 있습니다. 이를테면 물리적 변화는 비교적 적은 에너지로도 발생하지만, 화학적 변화가 일어나려면 많은 에너지가 필요합니다. 쉽게 말해, 웅덩이에 고인 물이 햇볕에 의해 증발하여 수증기로 변하는 것은 물리적 변화입니다. 하지만 이때 물이 햇빛에 의해 수소와 산소(물을 구성하는 원소)로 분해되지는 않습니다. 왜냐하면 태양 에너지만으로는 '물 분해'라는 화학 반응을 일으키기 쉽지 않기 때문입니다.

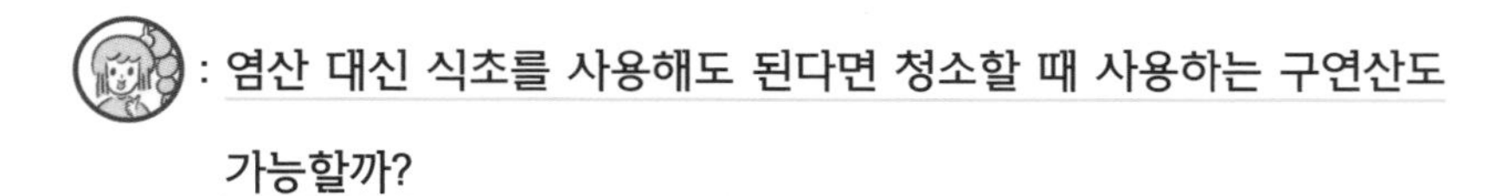

: 염산 대신 식초를 사용해도 된다면 청소할 때 사용하는 구연산도 가능할까?

: 표에 기록해두자. '달걀 껍데기에 식초나 구연산을 넣으면 이산화탄소가 발생한다.'

: 내 눈에는 거품만 보이는데? 이게 이산화탄소인지 어떻게 알아?

: 그건 네가 수업을 열심히 안 들어서 모르는 거야!

: 눈으로는 볼 수 없어. 하지만 미지의 기체를 만났다 해서 걱정할 필요는 없단다. 그 기체의 특성을 잘 생각해 보면 되니까.

대리석의 주요 성분은 탄산칼슘입니다. 이 성분은 조개껍데기나 달걀 껍데기에도 포함되어 있습니다. 그래서 달걀 껍데기에 다양한 산성 용액을 떨어뜨리면 대리석에 산성 용액을 떨어뜨렸을 때와 마찬가지로 **기포가 발생**하는 현상을 관찰할 수 있습니다.

반응물이 무엇인지 그리고 그 반응물들의 화학 반응식을 정확히 알 수 없는 경우, 눈에 보이는 기포는 기체가 생성되고 있음을 나타낼 뿐 그 기체가 반드시 이산화탄소라는 것을 의미하지는 않습니다. 이때 기체의 종류는 그 기체의 특성을 이용해 알아낼 수 있습니다. 예를 들어 위 실험에서 불을 붙인 향이나 긴 라이터를 용기에 가까이 대면, 불꽃이 액체 표면에 닿기 전에 꺼지게 될 것입니다. 왜냐하면 이산화탄소는 **불에 타지 않는 불연성 기체**이며, **연소를 돕는 성질이 없기 때문**입니다.

: 이런 방식으로 기체의 종류를 알아낼 수 있는 거였구나.

: 한 가지 더, 맑은 석회수로도 이산화탄소를 확인할 수 있어. 이산화탄소가 흡수되면 석회수가 뿌옇게 탁해져.

: 라이터는 쉽게 구할 수 있을 것 같은데, 석회수는….

: 간단해. 석회 건조제 한 포만 있으면 돼.

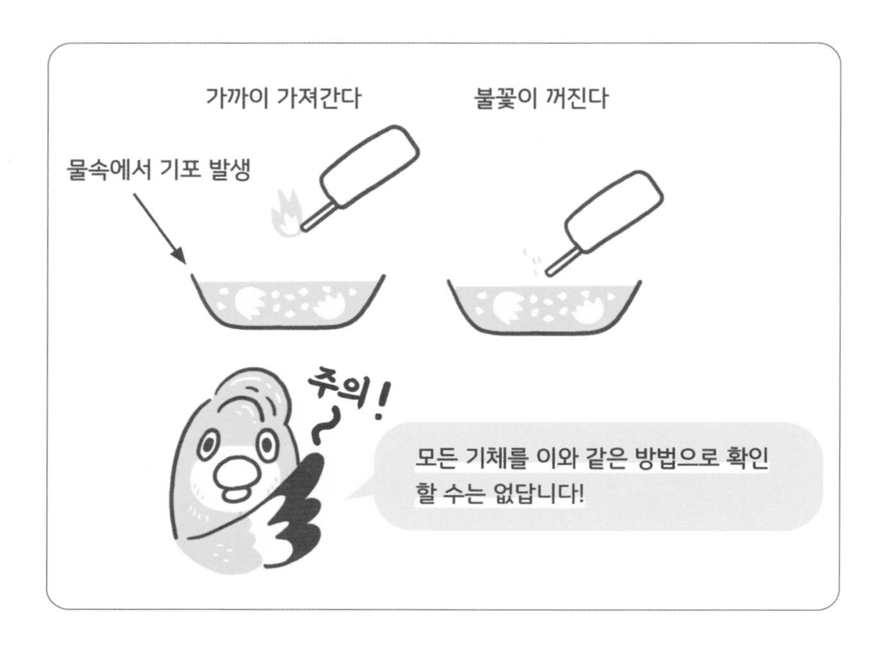

 : 석회가 물을 만나면 열이 발생되니까 석회 봉지를 뜯을 때는 조심해야 해!

 : 검증이 되었으니, 이제 안심하고 화학 반응식에 이산화탄소를 적을 수 있겠어.

 : 이산화탄소 기호 옆에 (g)를 덧붙여서 기체라는 것을 표시해야 해!

화학 반응식을 적을 때 반응물과 생성물뿐 아니라, 반응 과정에서 각 물질이 존재하는 상태도 괄호를 사용해 표시해야 합니다. 가령 (*s*)는 고체 상태solid, (ℓ)는 액체 상태liquid, (*g*)는 기체 상태gas, (*aq*)는 물질

이 물에 녹아 있는 수용액 상태aqueous를 나타냅니다.

이를 참고하여 반응식을 적어보면 다음과 같습니다.

탄산칼슘(s)+초산(aq) → 초산칼슘(aq)+물(ℓ)+이산화탄소(g)

달걀 껍데기의 주성분인 '탄산칼슘(s)'은 물에 녹지 않기 때문에 고체 상태(s)로 표시합니다. 반응물인 '초산(aq)'과 생성물 중 '초산칼슘(aq)'은 물에 녹아있는 상태이므로 (aq)로 표시하고, 물은 액체 상태이므로 (ℓ)로 표시합니다. 또한 달걀 껍데기에서 발생되는 기포는 화학 반응으로 생성된 이산화탄소 기체이므로 (g)로 표시합니다.

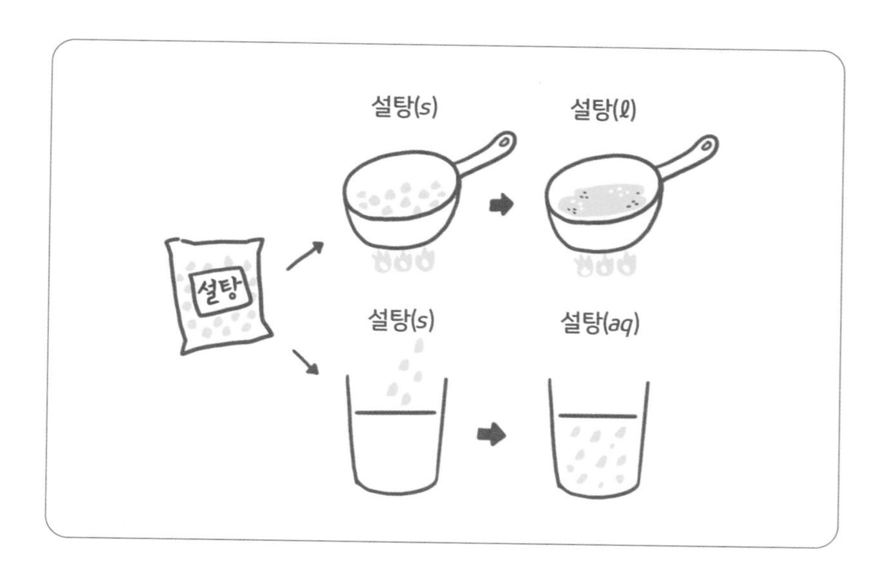

여기서 **액체 상태**와 **수용액 상태**는 본질적으로 다르니 주의해야 합니다. 예를 들어, 설탕과 물을 섞어 만든 설탕물은 수용액(*aq*)입니다. 그러나 물과 섞지 않고 설탕을 직접 가열해 녹인 설탕 시럽은 액체 상태(ℓ)에 해당합니다.

1) 이 실험에서 사용된 식초는 다른 산성 용액으로 대체할 수 있습니다. 그렇다면 달걀 껍데기도 대체할 수 있는 물질이 있을까요?

2) 가정에서 고체 상태의 설탕(s)을 액체 상태의 설탕(ℓ)으로 변화시켜 보고, 설탕의 녹는점이 몇 도인지 측정해 보세요. 마찬가지로 액체 상태의 소금(ℓ)을 만들어 보고, 설탕과 어떤 차이가 있는지 알아보세요.

실험 1-2

교과 학습 내용

- 물질의 형태와 성질 그리고 분류
- 물질의 분리와 검증
- 물질의 반응 규칙

식초와 인내심만 있으면 껍데기 없는 반투명한 달걀을 만들 수 있어요

: 교과서에서 본 내용을 실제로 만들어 보니까 가슴이 두근거려.

: 놀면서 공부하니까 수업을 들을 때보다 훨씬 더 재미있어.

: 어라, 네 손에 있는 그거, 달걀 아니니? (눈이 번쩍)

: 그렇긴 한데요, 전 이걸로 달걀 프라이를 해 먹을 거예요.

: 먹지 말고 실험에 양보하자! (어깨를 툭툭 친다)

EXPERIMENT

실험 재료 : 달걀 껍데기, 식초 또는 초산, 적당한 크기의 용기

실험 과정 :

❶ 달걀을 용기에 담은 뒤, 달걀이 잠길 만큼 식용 식초나 초산을 부어주세요. 반응 과정에서 이산화탄소가 발생하므로 용기를 완전히 밀폐하면 안 됩니다. 용기를 밀폐할 경우, 기체 압력 때문에 용기가 터질 수 있습니다.

❷ 몇 시간에 한 번씩 살짝 뒤적여주면서 관찰해 보세요. 다음날 달걀 껍데기가 완전히 사라지지는 않았어도 기포가 거의 보이지 않는다면, 식초를 새것으로 교체하여 반응 속도를 높여주세요. 달걀 껍데기가 완전히 사라질 때까지 이 과정을 반복합니다.

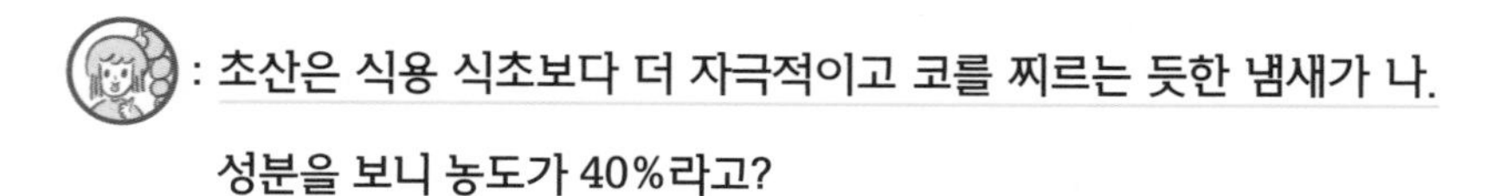

: 초산은 식용 식초보다 더 자극적이고 코를 찌르는 듯한 냄새가 나. 성분을 보니 농도가 40%라고?

: 와, 그럼 초산의 반응 속도가 훨씬 더 빠르겠는걸.

: 달걀 껍데기를 갈아서 가루로 만든 다음, 여기에 초산을 넣어야겠다.

: 분명 반응 속도가 빨라질 거야. 그리고 냄새도 더 지독하겠지?

: 달걀 껍데기가 초산과 반응하는 동안 반응 속도에 대해 이야기해 보자.

달걀 껍데기를 잘게 부숴 가루로 만들면 달걀 껍데기와 식초의 접촉 면적이 늘어나서 반응 속도가 빨라집니다. 하지만 농도라는 개념은 다소 추상적이므로, 모든 물질을 미세 입자라고 생각해 보세요. 농도가 더 진한 용액일수록 더 많은 반응물 입자가 포함되어 있기 때문에 달걀 껍데기 가루와 더 자주 접촉하게 될 것입니다. 그로 인해 반응 속도는 자연히 빨라지게 됩니다.

상상해 보세요. 설탕이 들어있는 음료가 컵의 절반 정도 담겨 있습니다. 여기에 설탕이 없는 음료를 부어 나머지 절반을 채우면, 결과적으로는 설탕이 반만 들어있는 음료가 됩니다. 왜냐하면 컵에 담긴 전체 용액의 부피는 증가했지만, 용액 내 설탕의 양은 그대로이기 때문입니다. 따라서 설탕 분자들이 서로 만나는 빈도도 줄어들게 됩니다. 이처럼 일반적으로 용액의 농도가 감소하면 **반응 속도도 느려집니다.**

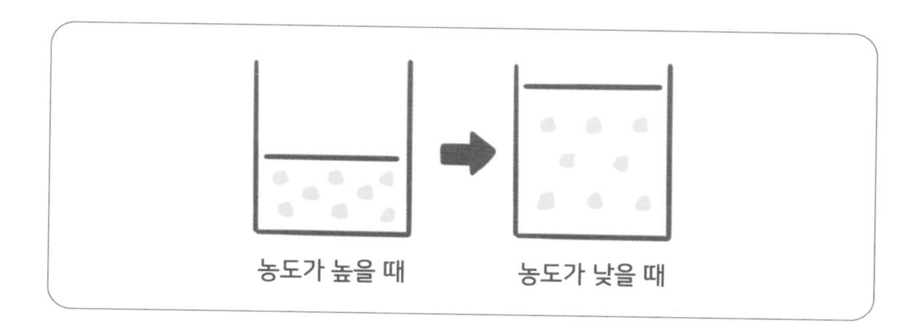

: **너무 오래 담가둔 것 같은데….**

: **우리 이러다 수업에 지각하겠어!**

: **아, 그럼 도구로 반응 속도를 빠르게 올려보자.**

손으로 달걀 껍데기를 조심스럽게 까면서 난막(달걀 껍데기 안쪽에 있는 얇은 막_역주)의 일부를 남겨두는 건 쉽습니다. 하지만 난막을 전혀 손상시키지 않으면서 껍데기만 완전히 제거하는 일은 까다롭죠. 다행히 우리는 화학 반응을 통해 난막은 온전하게 살리고 달걀 껍데기만 효과적으로 제거할 수 있습니다. 물론 이 방법은 시간이 다소 걸리지만, 결과적으로는 완벽하게 껍데기가 제거된 아름다운 달걀을 얻을 수 있습니다.

식초에 담가놓은 달걀 표면에 껍데기가 거의 남지 않았다면, 부드러운 칫솔에 식초를 묻혀서 가볍게 문지르면 남은 껍데기를 제거할 수 있습니다. 다만 칫솔로 문댈 때 난막이 터지지 않도록 주의하세요.

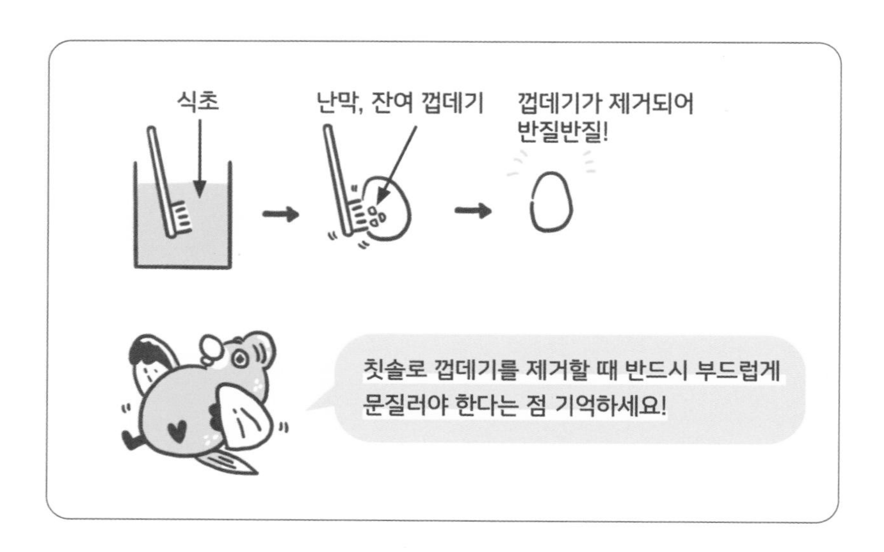

 : 삶은 달걀을 먹을 때도 이런 막이 있었던 것 같아.

 : 내 기억에도 그래. 이 막을 '난막'이라고 부르는구나.

시장에서 파는 미수정란을 깨보면 노른자와 흰자를 볼 수 있습니다. 여기서 노른자가 바로 **난세포**입니다. 그리고 흰자 안을 자세히 살

펴보면 노른자를 중심에 고정시키는 역할을 하고 동시에 달걀 껍데기가 깨졌을 때 떨어지는 **알끈**을 발견할 수 있습니다. 노른자를 좀 더 유심히 관찰해 보면 그 안에 작은 하얀 점이 있는데, 이것을 **배반**이라고 부릅니다. 만약 달걀이 수정되면 이 배반 부분에서 세포분열이 시작되어 점차 병아리로 자라게 됩니다. 이 과정에서 병아리는 노른자와 흰자에 들어있는 영양분을 흡수합니다.

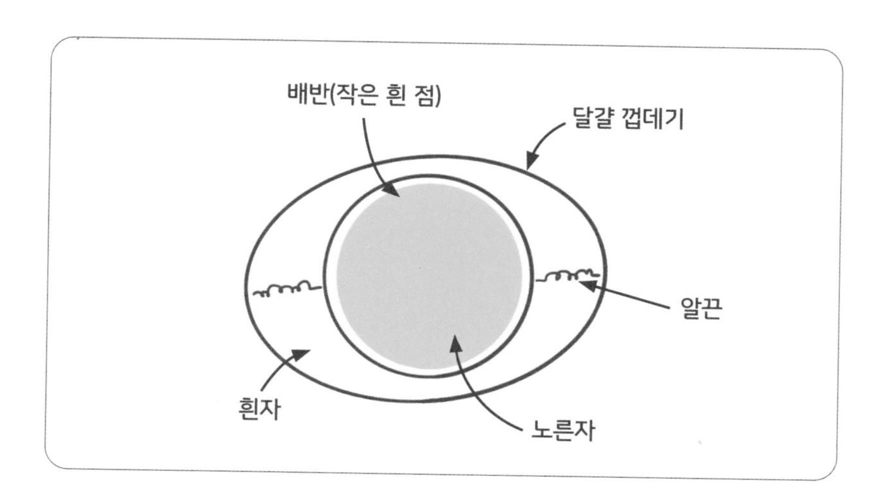

달걀흰자와 껍데기 사이에는 **난막**이 있는데, 이는 '달걀막'이라고도 부릅니다. 이 막은 달걀의 내부와 외부의 연결을 차단하여 달걀 내부의 수분이 외부로 빠져나가는 것을 줄여줍니다. 또한 난막에는 미세한 구멍들이 있어서 달걀 내부와 외부 사이의 물질 교환을 가능하게 합니다. 난막의 형태는 반투과성 막과 유사합니다. 그래서 달걀을 오랫동안 물에 담가두면 물이 이 막을 통해 달걀 내부로 이동하여 달걀의 부피가 커지는 것을 볼 수 있습니다.

: 달걀의 노른자가 난세포라면, 타조와 메추라기 알의 노른자도 난세포겠지?

: 아마도 그럴걸! 그런데 세포의 크기가 그렇게 많이 차이 날 수 있나?

: 당연하지. 사람의 백혈구 세포와 타조알의 노른자 지름은 천 배 가까이 차이가 나는걸!

: 와! 놀라운데!

사고 확장하기

1) 깨끗한 물에 담가둔 껍데기 없는 달걀의 부피가 커졌을 때, 부피를 줄일 수 있는 방법은 없을까요?

2) 산성 용액은 달걀 껍데기와 화학 반응을 일으킵니다. 그렇다면 염기성 용액은 어떨까요? 인터넷에서 관련 자료를 검색해 보고 결과를 예측해 보세요. 그런 다음 실험을 진행해 보세요.

실험 1-3

교과 학습 내용

- 동식물의 구조와 기능
- 화학 반응의 속도와 균형
- 과학 발전의 역사

껍데기 없는 달걀이 시간이 지날수록 커지는 이유는 삼투 현상 때문이야

: 달걀 한 알로는 배가 안 차네. 몇 개 더 먹으면 좋겠는데….

: 그럼, 삼투가 일어난 달걀이라도 줄까? 엄청 커!

: 그건 물 먹은 달걀이잖아. 너무해!

: 어라, 아직 달걀이 남아 있었어? (눈을 번쩍 뜨며) 자체 제작 장치로 삼투 현상을 관찰해 보자!

: (좀 전에 내가 더 먹고 싶다고 말했던 것 같은데?)

EXPERIMENT

실험 재료 : 날달걀, 투명한 얇은 빨대, 끌, 핀셋, 철사 또는 머리카락, 다목적 접착제, 양초, 적당한 크기의 용기

실험 과정 :

❶ 달걀의 바닥 부분(뭉툭한 쪽)을 조심스럽게 깨뜨립니다. 그다음 난막이 찢어지지 않도록 주의하며 핀셋으로 10원짜리 동전 크기만큼 달걀 껍데기를 제거합니다. 만약 난막에 작은 균열이 생겼다면 촛농을 떨어뜨려 균열 부위를 덮어주세요.

❷ 달걀이 컵 안에서 중앙에 떠 있도록 철사나 머리카락으로 고정합니다. 달걀의 바닥 부분은 컵 바닥과 최소 1cm 떨어져 있어야 합니다. 혹은 달걀의 봉긋한 부분이 딱 맞게 걸쳐지는 용기를 사용해도 좋습니다.

❸ 달걀의 가장 윗부분에 빨대 지름만큼 원을 그려줍니다. 그다음 끌을 사용하여 구멍을 뚫고 핀셋으로 주변의 달걀 껍데기를 조심스럽게 벗겨냅니다. 이런 식으로 빨대를 꽂을 수 있는 크기의 구멍을 만들어 주세요.

❹ 빨대를 노른자 부위에 꽂은 후 노른자를 잘 섞어 줍니다. 이렇게 하면 달걀액이 노랗게 변해 관찰하기가 쉬워집니다. 빨대의 아랫부분은 달걀액 속에 잠기도록, 빨대 윗부분은 달걀 밖으로 나와 있어야 합니다. 빨대가 꽂혀 있는 주변에 다목적 접착제를 발라 갈라진 구멍을 완전히 밀봉해 주세요. 단, 빨대의 입구 부분은 외부와 통하도록 밀봉하지 않습니다.

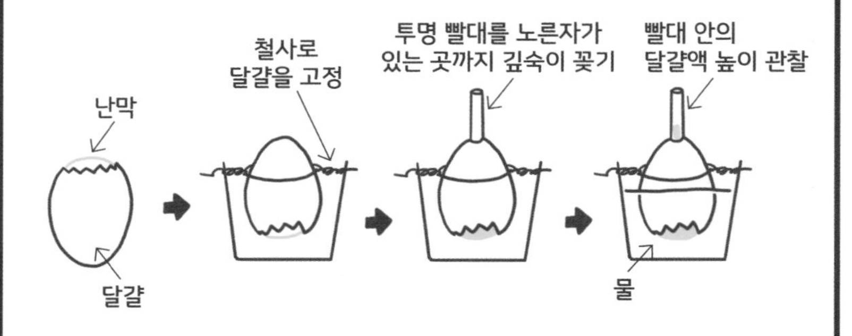

❺ 컵 속에 물을 넣어주세요. 물의 양은 적어도 달걀이 반쯤 잠길 정도여야 합니다. 약 15분 동안 그대로 두었다가 다시 관찰합니다. 빨대 안의 달걀액 높이가 서서히 올라가는 것을 볼 수 있습니다.

: (서투르게 만드는 중) 이 실험 장치 말이야, 만들기 너무 어려운데?

: 음? 너 지금 뭘 만들고 있는 거야?

: (능숙하게 만드는 중) 그럴 리가. 나는 너무 쉬운데?

: 음, 기말 실습 평가에서는 너희 둘 등수가 바뀔 것 같은데?

: (황급히 화제를 다른 곳으로 돌리며) 지금 이게 문제가 아니에요. 선생님, 빨리 삼투에 대해 알려주세요!

농도가 진한 달걀액은 난막(반투과성 막)이 막고 있어서 달걀 껍데기 밖으로 흘러나오지 못합니다. 하지만 난막에는 물이 통과할 수 있는 미세 구멍들이 존재합니다. **달걀 내부와 외부의 농도가 균형을 이루려면** 물의 이동이 필요합니다.

생각해 봅시다. 달걀액의 수분 함량은 외부의 정제된 물의 양에 비하면 적습니다. 이러한 농도 차이 때문에 물은 달걀 바닥 쪽의 난막을 통해 달걀 내부로 침투하게 되고, 달걀액은 물에 의해 농도가 희석됩니다. 그리고 이로 인해 빨대 속 달걀액의 높이가 점차 상승하게 됩니다. 빨대를 노른자 부위에 꽂는 이유는 이러한 달걀 내부의 변화를 쉽게 관찰하기 위해서입니다.

농도가 높은 쪽에서 낮은 쪽으로 물질이 이동하는 과정을 보통 **확산**이라고 합니다. 그런데 물의 확산 작용은 **삼투**라고 부릅니다. 삼투 역시 농도 차이에 의해 물이 이동하는 현상입니다. 위 실험에서는 달

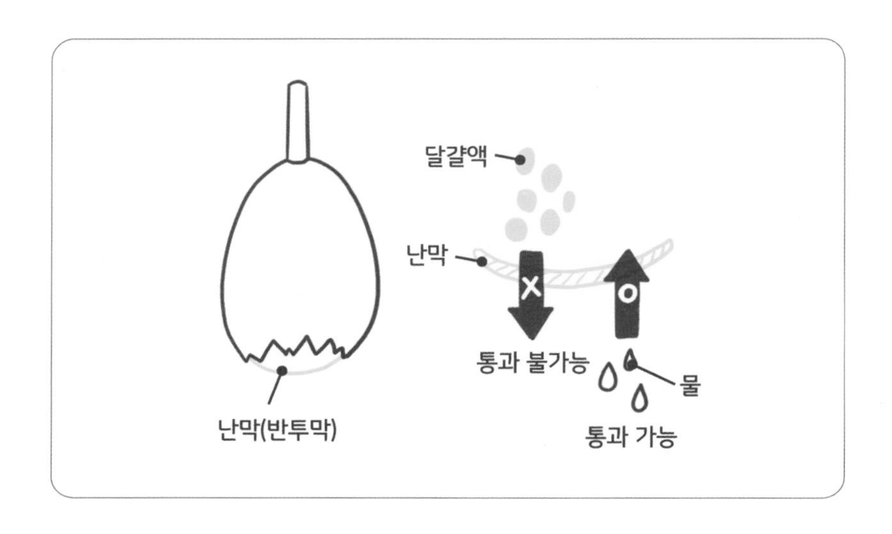

걀 아래쪽 난막을 통해 달걀 내부로 물이 이동하려고 하는 삼투 현상이 일어났습니다. 여기서 달걀액과 정제된 물의 농도 차이가 크기 때문에 몇 분 안으로 달걀 내부의 변화를 쉽게 관찰할 수 있습니다. 만약 시간이 한참 지나도 변화가 없다면 달걀 어딘가에 구멍이나 흠집이 있는지 살펴봐야 합니다.

(확산은 물질(용질)이 고농도에서 저농도로 퍼지는 것을 의미합니다. 삼투의 경우 반투과성 막을 통해 용매가 이동하는 것입니다. 여기서 중요한 것은 삼투의 경우 용질의 이동을 통해 농도 균형에 이르는 것이 불가능하기 때문에 반투과성 막을 통과할 수 있는 용매(물)가 이동하는 것입니다. 따라서 삼투는 용매가 많은 쪽에서 용매가 적은 쪽으로 이동하는 것으로 이해하면 됩니다._역주)

: 난막을 통해서만 삼투 효과를 볼 수 있는 거야?

: 대부분의 동식물 세포막으로도 이와 비슷한 효과를 구현할 수 있어.

: 오래전 과학자들은 돼지의 방광을 가지고 실험을 하다 우연히 물이 밀폐된 방광으로 스며드는 것을 발견했어. 이를 계기로 삼투 현상을 깊이 연구하기 시작한 거야!

플라스틱이 발명되기 전에는 대부분 자연에서 얻은 자원으로 생활용품을 만들었습니다. 여기에는 동물의 장기도 포함되어 있습니다. 예를 들어 **돼지의 방광**은 물을 담는 용기나 축구공을 만드는 데 사용되었습니다. 프랑스 물리학자 장 앙투안 놀레Jean-Antoine Nollet는 돼지의 방광막으로 술병을 밀봉한 뒤 이를 물속에 담갔는데, 물이 술병 안으로 유입되면서 막이 부푸는 현상을 발견했습니다. 이것이 바로 삼투 현상을 최초로 발견한 사례입니다.

많은 과학자들이 삼투 현상을 연구했는데, 그중 가장 유명한 과학자는 1901년 제1회 노벨 화학상을 수상한 야코뷔스 헨리퀴스 판트호프Jacobus Henricus van't Hoff입니다. 판트호프는 용액의 삼투 현상으로 인해 생기는 삼투압의 크기가 용액의 종류, 농도, 온도와 관련이 있음을 발견했습니다. 그리고 이를 바탕으로 **판트호프 법칙**을 제안하였습니다.

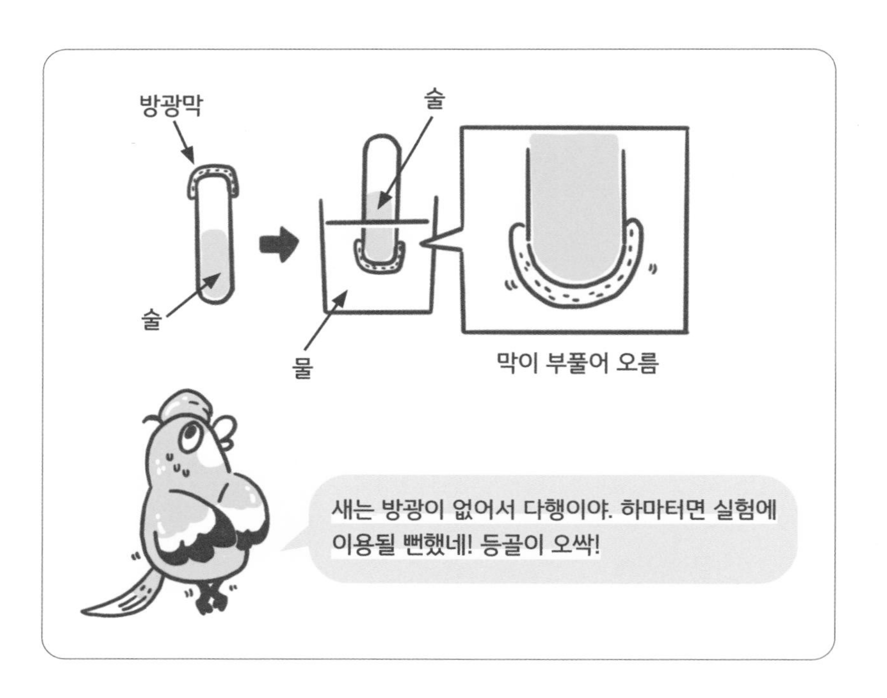

: '삼투압'이라는 용어는 자주 들어봤어. 삼투와 관련이 있겠지?

: 수압과 비슷한 개념인 것 같아.

: 압력의 일종이라고 생각하면 돼. 선생님의 이야기를 잘 들어봐요.

달걀 내부에서는 반투과성 막(난막) 때문에 오직 물만이 달걀의 내부와 외부를 이동할 수 있습니다. 이때 한쪽은 순수한 물이고, 다른 한쪽은 달걀액입니다. 반투과성 막을 통해 외부의 물이 달걀 내부로 이동해도 달걀 안팎의 농도는 같아지지 않습니다. 그래서 얼핏 보기에는 물이 계속해서 달걀 내부로 이동하는 것처럼 보입니다. 하지만 물이 달걀 내부로 이동하는 과정에서 빨대 속 달걀액의 높이가 상승하는 것을 볼 수 있습니다. 이는 물이 달걀 안으로 유입되면서 달걀 내부의 압력이 점차 증가하고 있음을 의미합니다.

이 압력은 일종의 저항력으로 작용하여 달걀 안으로 더 많은 물이 들어오는 것을 막는 역할을 합니다. 그래서 달걀액 쪽으로 이동하는 물의 양에는 상한이 존재합니다. 따라서 어느 순간에는 **달걀 내부의 저항 압력과 달걀액 속으로 계속 이동하려는 물의 힘이 균형을 이루게 되는데, 바로 이때가 '삼투압'에 도달한 상태**입니다.

반트호프의 연구 결과에 따르면 용액의 종류, 농도, 온도는 삼투압 크기에 영향을 미치는 세 가지 주요인입니다. 대체로 달걀액의 농도가 높을수록 삼투압도 커집니다. 즉, 더 많은 물이 달걀액 속으로 이동하게 만들려면 그만큼 더 큰 삼투압이 필요합니다.

: 만약… 소금물에 달걀을 담그면 어떻게 될까?

: 가만있자. 그럼 소금물의 삼투압을 계산해야 하지 않을까?

: 계산하는 건 싫어! 농도 차이를 이용해서 추론해 볼 수는 없을까?

: 달걀액과 정제된 물, 달걀액과 소금물이라… 머리가 터질 것 같아!

1) 어떤 물질들이 반투과성 막을 통과할 수 있을지, 그리고 그 물질들은 어떤 특성을 가져야 할지 추측해 보세요.

2) 본문과 같은 실험 장치를 사용하되, 이번에는 달걀을 소금물에 담가보세요. 먼저 결과를 예측해 보고, 실험을 통해 실험 결과가 예측과 일치하는지 확인해 보세요. 장시간 방치한 뒤, 일정한 시간 간격으로 빨대 안 달걀액의 높이를 기록해 보세요.

교과 학습 내용

- 자연계의 자와 단위
- 그리고 운동

밀도의 변화에 따라 달걀이 가라앉았다가 떠올랐다가

 : 실험을 너무 열심히 했더니 달걀 소비 속도가….

: 주방 쪽에서 살기가 느껴져.

 : 전 제 지갑이 울고 있는 소리가 들려요.

 : 아! 달걀을 처음 상태로 돌려놓을 수 있는 실험이 생각났어!

  : (또 뭘 하려고?)

EXPERIMENT

실험 재료 : 달걀, 달걀을 담을 수 있는 유리컵, 소금, 섞는 도구

실험 과정 :

❶ 컵에 물을 80% 정도 부은 뒤 달걀을 넣습니다. 이때 달걀은 컵 바닥으로 가라앉게 됩니다.

❷ 물에 소금을 1~2스푼 정도 넣고, 소금이 녹을 수 있도록 저어주세요. 농도가 충분히 높아지면 달걀이 떠오릅니다.

: 소금을 추가로 계속 넣으니까 달걀이 더 높게 떠오르고 있어! 소금에 초능력이라도 있는 걸까?

: 소금에 초능력이 있는 게 아니라, 소금물과 물의 밀도가 달라서 생기는 현상이야.

: 밀도? 그것도 계산이 필요한 거야?

: 걱정하지 마. 일단 밀도의 원리를 알아보자.

어떤 물질은 수면 위에 뜨지만 그렇지 않은 물질도 있습니다. 가라앉는 물질의 경우 부력이 없는 게 아니라, 부력이 물질의 무게보다 작기 때문에 가라앉는 것입니다. 부력에 영향을 미치는 요인은 **물질과 물의 밀도 차이**입니다. 간단히 말해, 어떤 물질의 밀도가 물보다 크면 그 물질은 같은 부피의 물보다 무거워서 바닥으로 가라앉습니다. 반대로 밀도가 작은 물질은 수면 위에 뜨게 됩니다. 만일 물질과 물의 밀도가 같다면, 그 물질은 물속 어느 곳에서나 존재할 수 있습니다.

물을 다른 용액으로 바꿔도 원리는 같습니다. 소금물의 밀도는 물보다 높고, 달걀의 밀도는 소금물과 물의 밀도 사이에 위치합니다. 따라서 물속에서는 달걀이 가라앉지만, 소금물에서는 달걀이 떠오르는 현상이 나타납니다.

 : 물속에 소금을 넣자 달걀이 떠오르는 이유가 부력 때문이었구나!

 : 지면 위의 물체를 하늘로 날아오르게 하는 것도 부력을 이용한 거죠?

: 훌륭해! 그럼 처음부터 차근차근 정리해 보자.

물체가 물이나 공기와 같은 **'유체'** 속에 있을 때, 그 물체는 부력의 영향을 받게 됩니다. 이때 **부력의 크기는 그 물체가 밀어 내는 유체의 부피와 같습니다.** 예를 들어 부피가 100ml인 달걀을 물속에 넣으면 달걀은 가라앉으면서 100ml의 물을 밀어 내는데, 이때 물체에 작용하는 부력의 크기가 바로 100ml의 물의 무게와 같습니다. 만약 농도가 옅은 소금물에 달걀을 넣었다면 어떨까요? 달걀이 바로 떠오르지 않는다고 해도 달걀은 이미 100ml 소금물의 무게에 해당하는 부력을 받게 됩니다. 소금물의 밀도는 물보다 크기 때문에 소금물에 담긴 달걀은 물에 있을 때보다 더 큰 부력을 받게 됩니다. 이 개념은 **공기** 중에서도 똑같이 적용됩니다. 공기 중에서 달걀이 받는 부력은 공기 100ml의 무게와 같습니다.

부력이 물체의 무게보다 작으면 물체는 가라앉고, 부력이 물체의 무게보다 크면 물체가 위로 뜨게 됩니다. 둘의 크기가 같은 경우, 물체는 유체 안에서 떠 있는 상태를 유지할 수 있습니다. 따라서 '같은 부피일 때 더 가벼워야 한다’ 또는 ‘밀도가 더 낮아야 한다’는 원칙만 잘 파악하면 원하는 부유 현상을 만들어 낼 수 있습니다.

 : 일상생활 속에서도 밀도나 무게 차이가 나는 입자가 있어?

 : 음, 이산화탄소는 불에 타지 않고 연소를 촉진시키지 않아. 게다가 공기보다 무거워.

 : 공기보다 무거우면 가라앉는다는 거야? 너무 추상적이야!

 : 실험을 해 보면 바로 알 수 있어.

접착제, 주방 세제, 물을 약 1:2:4의 비율로 섞어 거품물을 만들어 주세요. 그런 다음 거품을 불 수 있도록 굵은 실을 이용해 10원짜리 동전 크기의 구멍을 만들어 주세요.

세면대 바닥에 베이킹소다를 뿌린 뒤 그 위에 식초나 구연산 용액을 부으면 다량의 이산화탄소 기포가 생겨납니다. 긴 라이터로 불을 켜서 세면대 쪽에 가까이 대 보세요. 용액으로부터 약 3cm 떨어진 높이에서 라이터 불이 꺼진다면 세면대 안에 이산화탄소가 충분히 있다는 뜻입니다. 이때 세면대 위에서 비눗방울을 불어 그 방울들을 세면대 안쪽으로 모아주세요.

바닥으로 떨어지는 비눗방울은 그대로 터져버리지만, 세면대 쪽으로 떨어지는 비눗방울은 이산화탄소 때문에 세면대 바닥으로 떨어지지 않고 그 자리에서 거품이 둥둥 떠 있는 현상이 나타납니다.

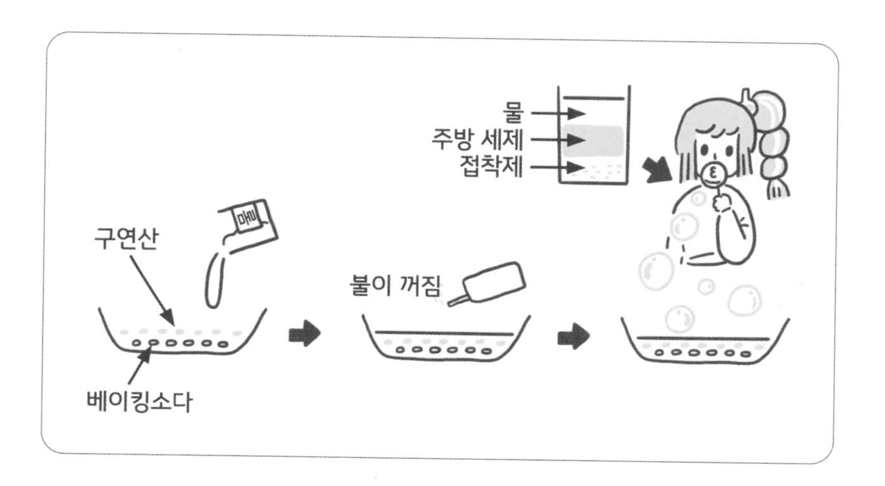

 : 와! 이산화탄소가 공기보다 무겁다는 특성을 이용해서 공중에 둥둥 떠있는 거품을 만들 수 있다니, 정말 재밌다!

 : 만약 공기보다 더 가벼운 기체로 거품을 불면 이산화탄소가 필요 없겠네?

 : 공기보다 가벼운 기체라면 설마… 수소?

 : 삐삐삐! 위험 경고!

 : 수소 기체는 위험하니까 나중에 천천히 실험해 보자!

1) 밀도는 물질의 단위 부피당 무게입니다. 달걀을 실온에 오래 놔둘수록 달걀 내부의 공기실이 커집니다. 달걀을 방치하는 시간에 따라 달걀의 밀도는 어떻게 변할까요?

2) 신선한 달걀 1개를 준비한 다음, 달걀이 떠오르는 소금물의 농도를 기록하세요. 그런 다음, 같은 달걀을 며칠간 실온에 보관한 후 처음과 동일한 방법으로 달걀이 떠오르는 소금물의 농도를 알아보세요. 그리고 앞서 1번 질문에 대한 자신의 추론이 맞는지 확인해 보세요.

교과 학습 내용

- 세포의 구조와 기능
- 동식물의 구조와 기능
- 화학 반응의 속도와 균형
- 생활 속 과학 응용

곰돌이 젤리를 물에 담갔더니 크기가 커졌네?

 : 실험을 위해 내 아침밥이었던 달걀을 희생했더니, 지금 너무 배고파.

 : 곰돌이 젤리라도 먹을래? (젤리를 건네준다)

 : 맙소사! 곰돌이 젤리잖아! (눈동자가 번쩍)

 : (놀라서 하마터면 젤리를 떨어뜨릴 뻔함)

 : 곰돌이 젤리는 삼투 실험에 사용할 중요한 재료이니까 떨어뜨리지 않게 조심해!

EXPERIMENT

실험 재료 : 곰돌이 젤리, 소금물, 물, 랩과 적당한 크기의 컵 2개

실험 과정 :

❶ 두 개의 컵에 각각 물과 소금물을 담습니다.

❷ 컵 안에 같은 개수의 곰돌이 젤리를 넣은 뒤 랩으로 컵 입구를 싸서 냉장고 안에 넣어주세요.

❸ 몇 시간 후 또는 다음 날 냉장고 안에서 컵을 꺼냅니다. 그리고 원래의 젤리와 크기를 비교해 보세요.

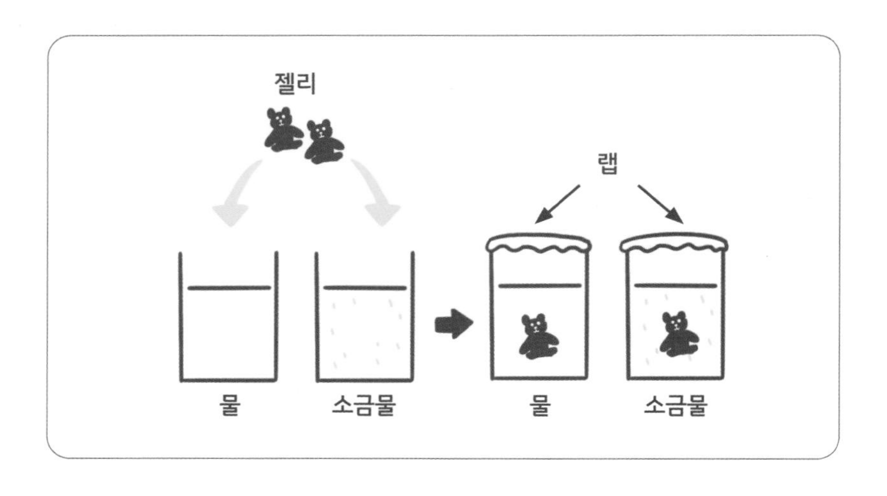

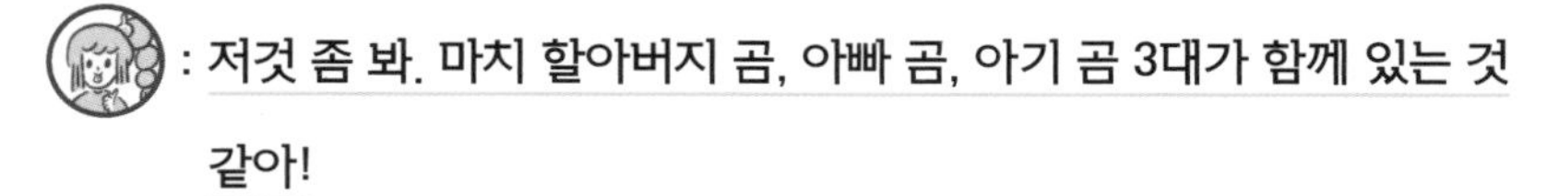

: 저것 좀 봐. 마치 할아버지 곰, 아빠 곰, 아기 곰 3대가 함께 있는 것 같아!

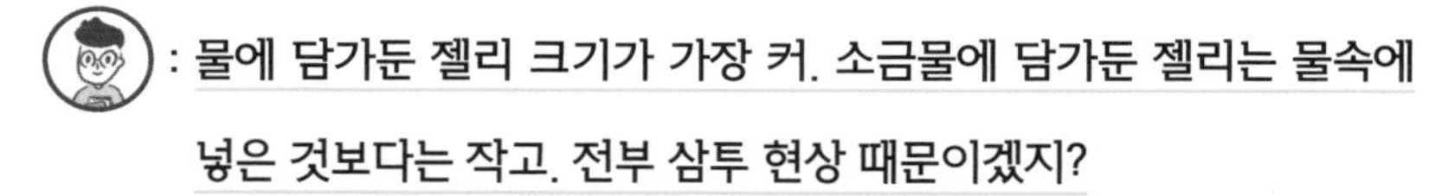

: 물에 담가둔 젤리 크기가 가장 커. 소금물에 담가둔 젤리는 물속에 넣은 것보다는 작고. 전부 삼투 현상 때문이겠지?

: 맞아. 농도 차이를 생각해 보면 더 쉽게 이해할 수 있어.

곰돌이 젤리의 내부가 '설탕량이 많고 물의 양이 적은 용액'으로 채워져 있다고 상상해 봅시다. 위 실험에서 사용한 세 가지 재료를 물 함량이 높은 순서대로 나열해 보면 정제된 물, 소금물, 곰돌이 젤리입니다. 따라서 곰돌이 젤리는 정제된 물이나 소금물에 담겼을 때 삼투 효과로 부피가 커지게 됩니다.

수분 함량 : 정제된 물 > 소금물

→ 삼투 효과 : 정제된 물 > 소금물

→ 젤리의 크기 : 순수한 물 > 소금물

소금물의 수분 함량은 정제된 물에 비해 적기 때문에 삼투 효과가 상대적으로 떨어집니다. 소금물에 담근 젤리의 부피가 정제된 물에 담근 젤리보다 더 작게 보이는 이유는 바로 이 때문입니다. 우리는 **용액의 내부와 외부의 농도 차이**를 통해 삼투 방향을 생각해 볼 수 있습니다. 물은 여전히 변함없이 물의 양이 많은 곳에서 적은 곳으로 이동합니다.

: 수용액 안에서 크기가 커지거나 작아지는 현상은 적혈구의 크기가 변화하는 모습과 비슷해.

: 그럼 적혈구는 크기가 커지거나 작아지는 것 둘 중에 하나로 변하겠네?

: 한 가지를 빠뜨렸어. 생리 식염수를 만나면 크기가 변하지 않아.

: 뭐가 이렇게 어려워….

: 자, 젤리를 먹으면서 설명해 줄게.

인체의 적혈구 세포는 노출되는 용액의 농도에 따라 부피가 달라집니다. 적혈구 내부에 특정 농도의 용액이 있다고 가정해 봅시다. 만일 적혈구를 정제된 물에 담그면 물은 당연히 삼투 현상으로 인해 적혈구 세포 안으로 이동할 것입니다. 만약 너무 많은 물이 적혈구 안으로 이동하면 최악의 경우 세포가 파열될 수 있습니다.

만약 적혈구를 소금물에 담그면 소금물과 적혈구 내부 용액의 농도 차이에 따라 삼투 방향이 달라질 수 있습니다. 가령 소금물의 농도가 적혈구 내부 용액의 농도보다 낮을 경우(**저삼투압성 용액**), 물이 세포 안으로 유입되어 적혈구가 부풀어 오르다가 파열될 것입니다. 반대로 소금물의 농도가 더 높을 경우(**고삼투압성 용액**), 적혈구 내부의 수분이 세포 밖으로 이동하여 세포가 수축하게 될 것입니다.

위 두 경우의 중간에 해당하는 것이 바로 식염수입니다. 식염수의 농도는 약 0.9%로, 이는 적혈구 내부 용액의 농도와 비슷(**등삼투 용액**)합니다. 그래서 적혈구를 식염수에 담그면 적혈구 내외부의 삼투압이 동일하여 물의 이동이 발생하지 않게 되고, 세포의 크기도 변하지 않습니다.

 : **그렇다면 가정에서도 등삼투 용액을 만들 수 있어?**

 : **그럼 그럼. 그런데 그건 만들어서 뭐 하게?**

물이 세포 안으로 침투

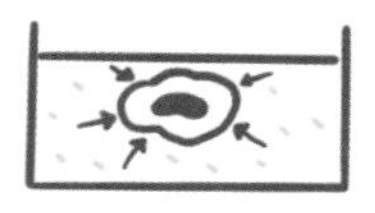

농도가 옅은 소금물
(세포 팽창)

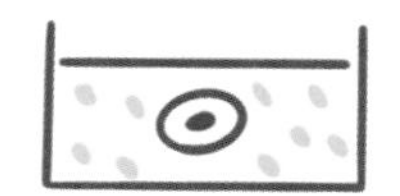

생리 식염수
(세포 크기에 변화 없음)

물이 세포 밖으로 빠져나감

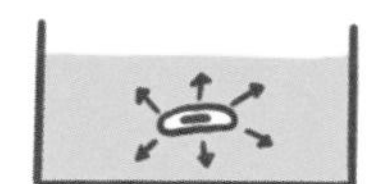

농도가 진한 소금물
(세포 수축)

 : 만들어서 팔아야지. 소금과 물만 있으면 되잖아. 한 병에 몇백 원씩 팔면….

 : 와! 우리 금방 부자 되겠는데?

 : 너희 그러다 고소당할지도 몰라.

 : 하하하. 귀여운 녀석들! 실제 판매하는 식염수를 만드는 건 그리 간단하지 않단다.

상처를 소독하거나 콘택트렌즈를 세척할 때 순수한 물 대신 **생리 식염수**를 사용합니다. 그 이유는 생리식염수가 인체 세포와 동일한 삼투압을 가진 등삼투 용액이기 때문입니다. 이 말은 즉, 생리식염수가 세포에 닿아도 세포 내외부에 삼투 작용이 일어나지 않음을 의미합니다.

생리식염수의 포장을 주의 깊게 살펴보면, 사용과 보관에 관한 주의 사항이 적혀있는 걸 알 수 있습니다. 특히 구급상자 안에 들어있는 소용량 식염수는 한 번에 전부 사용하고 남은 것은 폐기해야 합니다. 제품 포장 과정에서 멸균 처리를 거치지만, 개봉 후 용액이 외부에 노출된 이후부터는 무균 상태를 유지하기 어렵기 때문입니다. 감염의 위험을 방지하기 위해서는 이점을 유념하여 사용해야 합니다.

사고 확장하기

1) 의사는 환자의 체액을 보충하기 위해 때때로 생리식염수를 주사합니다. 다른 동물들도 부상으로 출혈이 발생했을 때 생리식염수를 사용해도 될까요? 여러분의 생각을 이야기해 보세요.

2) 위 실험과 같은 실험을 반복하되, 이번에는 랩을 씌우지 않고 실험해 보세요. 그리고 실험을 진행하기 전에 결과를 먼저 예측해 보세요.

실험 1-6

교과 학습 내용

- 동식물의 구조와 기능
- 수용액 안에서 일어나는 변화
- 화학 반응의 속도와 균형

신선한 과일은 보관하기가 어렵다? 딸기잼으로 삼투 현상 배우기

: 선생님, 제발요. 다음번에 바비큐 구울 때 소금은 제가 뿌릴게요.

: 소금을 뿌릴 때 삼투 현상을 열심히 관찰할게요. 그러니까….

: 그러니 제발 저희 음식을 가지고 실험하지 말아 주세요! (큰 목소리로)

: 저 녀석들 이번에는 꽤 진지한데?

: 잼을 만들려면 소금보다는 설탕을 넣어야지. 삼투 현상을 이용해서 맛있는 걸 만들어 보자!

EXPERIMENT

실험 재료 : 딸기 300g, 설탕 120g, 레몬즙 1티스푼

실험 과정 :

❶ 딸기를 두 조각이나 네 조각으로 등분합니다.

❷ 설탕을 고르게 뿌린 후 30분 동안 그대로 둡니다. 그 사이에 5분마다 딸기의 상태를 관찰합니다. 딸기의 상태 변화를 사진으로 찍어 기록하세요.

❸ 딸기를 프라이팬에 넣고 약한 불로 천천히 저어줍니다. 수분이 줄어들면 레몬즙을 넣어 풍미를 더해 주세요.

❹ 잼에서 작은 거품이 일어날 때까지 계속 저어줍니다. 잼이 요거트의 농도만큼 걸쭉해지면 수제 잼이 완성됩니다.

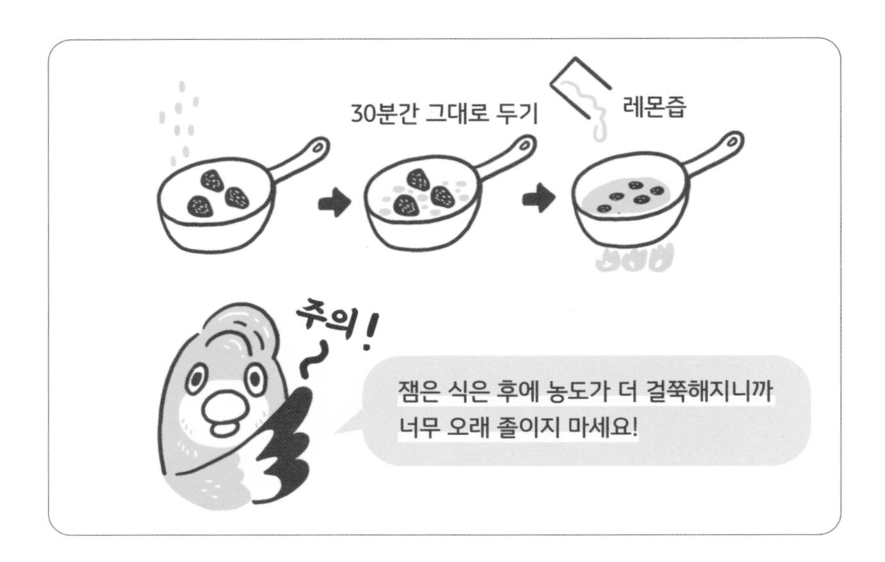

 : 만들 때는 팔이 많이 아팠는데 결과물은 정말 달콤하네요.

 : 지금 시를 쓰는 거야? '잼은 사랑과 닮았어요'라고 쓰지 그래?

 : 흥! 난 진짜로 치유되는 느낌을 받았단 말이야!

 : 잼 만들기는 채소를 소금에 절이는 것과 비슷한 것 같아.

 : 맞아, 맞아. 모두 같은 원리야.

앞서 실험에서는 젤리 내부로 물이 이동하는 삼투 현상을 살펴봤습니다. 이번에는 과일을 당분 농도가 높은 환경에 넣고 실험을 진행했습니다. 이 경우 과일 내부의 수분량이 외부 환경(설탕 용액)보다 많기 때문에, 과일에서 수분이 빠져나가게 됩니다. 이런 상태에서 계속 졸이게 되면 과일 속 수분이 줄어들면서 과일잼이 완성됩니다.

과일잼이나 절임 채소와 같은 가공식품을 오랫동안 보존할 수 있는 이유는 이렇습니다. 세균이 성장하려면 수분이 필요한데, 염분이나 당분의 농도가 높은 환경은 세균의 성장에 불리하기 때문입니다. 이 밖에도 냉동 보관, 진공 포장, 살균 및 밀봉하는 등의 방법 역시 식품을 오랫동안 보관하기 위해 흔히 사용됩니다. 하지만 이러한 식품 가공법은 식품의 보존 기간을 늘릴 수는 있으나, 식품에 들어있는 많은 영양소는 손실될 수밖에 없습니다. 따라서 가공식품만 먹어서는 안 되며, 되도록 신선한 음식과 균형 잡힌 식사를 해야 합니다.

 : 내가 좋아하는 과일 식초도 삼투 효과를 이용해 만든 것이겠지?

 : 과일 식초는 바비큐랑 먹으면 잘 어울릴 것 같아. 뜨거운 태양 아래 새콤달콤한 맛!

 : 말이 나온 김에 한번 만들어볼까? 그럼 시작해 보자!

레몬, 파인애플과 같이 즙이 있는 과일을 썰어 준비해 주세요. 과일과 얼음 설탕, 현미 식초를 1:1:1 비율로 준비하고, 총량을 고려하여 적당한 크기의 유리 용기를 준비합니다. 본격적으로 식초를 만들기 전에 먼저 용기를 깨끗이 씻어 완벽하게 말려주세요. 그렇지 않으면 수돗물이 섞여 세균이 번식할 수 있습니다.

과일과 얼음 설탕을 번갈아 가며 층층이 담아 준 다음, 준비된 분량의 현미 식초를 병 입구 높이만큼 차오르게 부어주세요. 마지막에는 랩으로 입구를 밀봉하고 그 위에 뚜껑을 닫아 내부에 공기가 없도록 해주세요. 이 상태로 최소 석 달간 그늘진 곳에 보관합니다. 개봉 후에는 개인의 입맛에 따라 물에 희석시켜 마시면 됩니다.

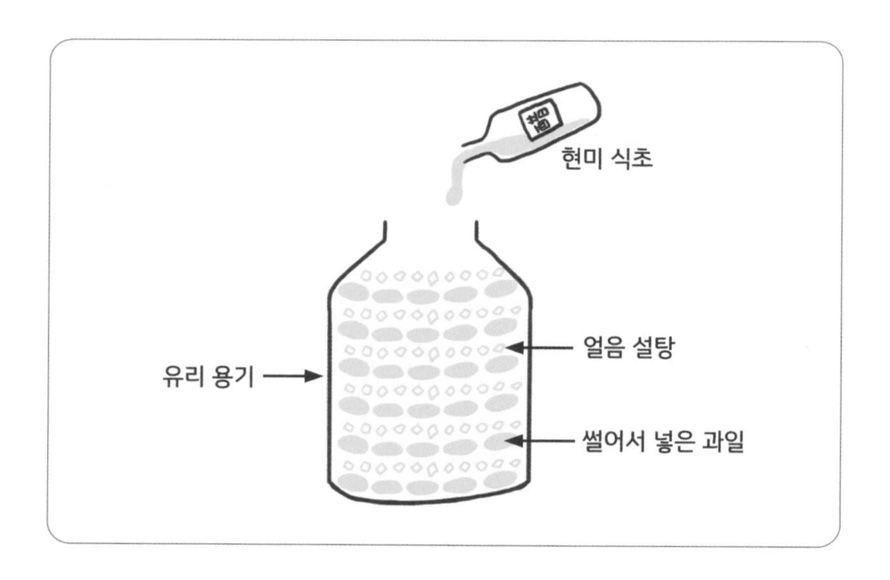

 : 최소 석 달이나 기다려야 한다고?

 : 그냥 마트에서 파는 과일 식초를 사다가 물에 타 마셔야겠다.

 : 아! (갑자기 무언가를 깨달은 듯) 삼투 현상을 어디서 보았나 했더니, 이제 보니 정수기였어!

 : 정수기의 원리는 삼투가 아니라 역삼투야.

 : 정답! 정수기는 역삼투의 원리를 이용한 것이란다. 말이 나온 김에 역삼투의 원리에 대해 알려줄게.

U자 형태의 장치를 통해 역삼투의 개념을 알아봅시다. 아래 그림에서 색깔이 표시된 물은 오염수를, 무색은 정수를 의미합니다. 일반

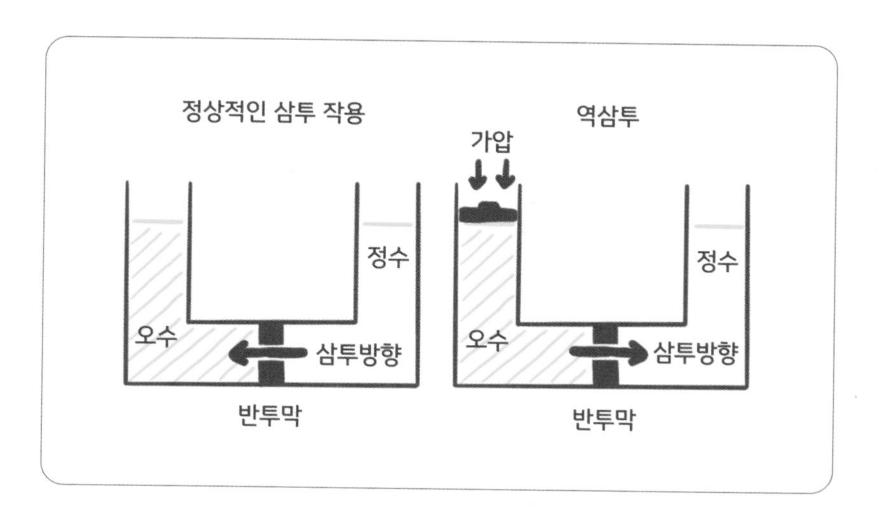

적으로 반투막이 있으면 정수 쪽의 물 함량이 오수 쪽보다 많기 때문에 물은 정수에서 오수 방향으로 이동하게 됩니다. 그 결과 오수 쪽의 **수위는 삼투압에 도달할 때까지 상승**합니다.

만약 양쪽의 농도 차이로 인한 삼투 현상이 발생하기 전에 오수 쪽에 **압력을 가해** 주면, 이 외부의 힘으로 정수 쪽의 물이 오수 쪽으로 이동하는 것을 막을 수 있습니다. 이때 압력을 더 크게 가하면 오수 쪽의 물을 정수 쪽으로 이동하게 만들 수 있습니다. (하지만 잊지 마세요. 아무리 압력을 가해도 대부분의 불순물은 반투막을 통과할 수 없습니다) 이것이 바로 '역삼투'를 이용한 정수기의 작동 원리입니다.

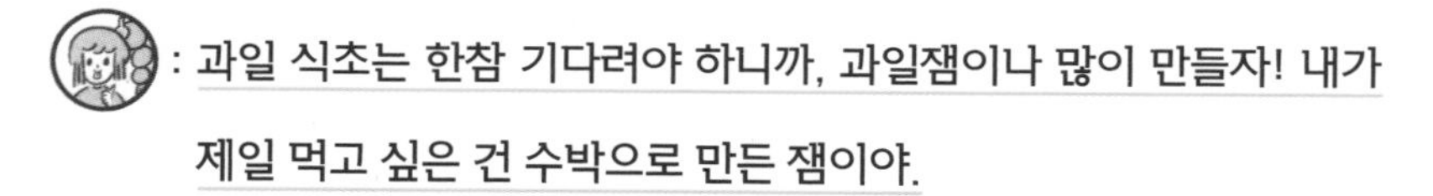

: 과일 식초는 한참 기다려야 하니까, 과일잼이나 많이 만들자! 내가 제일 먹고 싶은 건 수박으로 만든 잼이야.

: 수박은 펙틴(pectin) 함량이 적기 때문에 젤라틴 가루나 한천 가루를 넣어야 걸쭉한 농도를 만들 수 있어.

: 와! 다른 방법으로도 잼을 만들 수 있구나.

: 수박의 수분을 빼내서 잼을 만들어 볼까?

1) 술과 식초는 모두 식물의 당류를 원료로 사용하여 만듭니다. 하지만 최종 제품의 성질은 전혀 다릅니다. 관련 자료를 검색해서 둘의 화학 반응 차이를 알아보세요.

2) '역삼투 방식으로 정수한 물은 인체에 해로운가?'라는 질문은 한때 뜨거운 논쟁을 불러일으켰습니다. 이와 관련된 자료를 수집하여 찬성과 반대 의견을 정리해 보고, 자신의 의견을 말해 보세요.

과학 칼럼 과학이란 무엇일까?

현대인들은 대체로 '과학'과 '철학'을 완전히 다른 영역으로 생각하지만, 사실 최초의 과학은 철학적 사고에서 시작되었습니다. '세계는 무엇으로 구성되어 있을까?', '손에 들고 있는 이 물질은 무엇으로 이루어져 있을까?' 사람들은 사고하기 시작하면서 각자의 생각과 그렇게 생각한 이유를 서로 공유하며 토론하게 되었고, 그렇게 점점 다양한 관점들이 생겨났습니다.

기원전 500년경 고대 그리스 시대의 철학자 레우키포스Leukippos는 물질의 구성에 대해 탐구하면서 '원자'라는 아이디어를 제시했습니다. 그리고 그의 제자 데모크리토스Demokritos가 기원전 440년경 **원자론**을 발표했습니다. 이 이론에 따르면 **모든 물질은 계속 쪼개지다가 더는 나눌 수 없는 크기에 이르게 되는**

데, 이때의 미립자를 '원자atom**'**라고 부릅니다. 즉, 원자론은 세상의 모든 물질은 원자로 구성되어 있으며, 원자가 존재하지 않는 공간은 '공허'라고 생각하는 이론입니다.

기원전 360년 플라톤Plato은 '원소'라는 개념을 제시하며, 원소가 모든 물질을 구성하는 기초라고 여겼습니다. 그의 제자 아리스토텔레스Aristotle는 이 원소 개념을 바탕으로 **4원소설**을 발표했습니다. 그는 **사람과 세상 만물은 물, 불, 흙, 공기(또는 바람) 이 네 가지 원소가 서로 다른 조합과 비율로 결합하여 창조**된 것이라고 주장했습니다. 가령 흙 원소에 물 원소가 더해지면 나무가 자라나는 것처럼 말입니다.

4원소설은 곧바로 주된 이론으로 자리 잡았으며, 지지자들 사이에서도 여러 분파가 생겨났습니다. 일각에서는 공기를 가장 중요한 원소라고 주장했고, 또 다른 이들은 물을 만물의 근원으로 생각했습니다. 이후 아리스토텔레스는 기존의 4원소를 바탕으로, 지구 밖의 천체가 제5의 신성한 원소 '에테르aither'로 이뤄져 있다는 이론을 제시했습니다. 일상에서 흔히 들어봤을 법한 중국의 오행설(목, 화, 토, 금, 수 이 다섯 가지 원소가 서로 보완 및 약화시키는 원리) 역시 5원소설과 유사한 이론입니다.

원소론이 유행하자 당시 사람들은 원소를 적절하게 조합하면 '황금'을 만들어낼 수 있다고 굳게 믿었습니다. 이때부터 연금술 시대가 시작되었습니다. 물, 불, 흙, 공기를 조합해 황금을 만들겠다는 생각이 오늘날 사람들한테는 우스꽝스럽게 들릴 수 있으나, 당시의 이런 시도는 과학 발전의 중요한 기초를 마련했습니다. 연금술사들은 다양한 재료를 찾아다녔고, 여러 가지 용기를 만들어 재료를 가열하고 녹였습니다. 아울러 여러 가지 재료를 다양한 비율로 혼합하고 무게를 재는 등의 작업을 반복했으며, 그 결과를 기록으로 남겼습니다. 비록 그들은 황금을 만들어내는 데는 실패했지만, 그 과정에서 무수히 많은 것을 발견했고 이는 화학 실험의 시작으로 이어졌습니다. 따라서 **철학자가 과학자의 조상이라면, 연금술사는 화학자의 시조**인 셈입니다.

물론 후세의 과학자들이 발표한 이론이나 해석이 과거의 철학자들이 제시했던 개념과 다를 수는 있습니다. 하지만 일부 기본적인 개념이나 정의는 비슷하기 때문에 과거에 쓰였던 수많은 용어가 현대 과학에서도 여전히 사용되고 있습니다. 예를 들어 1661년 아일랜드의 과학자 로버트 보일Robert Boyle은 저서 『회의적 화학자The Sceptical Chymist』를 통해 수년간 4원소설을 반박했고, '원소'라는 용어를 새롭게 정의했습니다. 그가 정의한 원소는 불순물이 없는 순수한 물질이며, 인위적으로 만들어낼 수 없습니다. 이와 더불어 한 원소가 다른 원소로 전환되는 것은 불가능하다고 보았습니다. 보일의 이런 주장은 과거의 학자들과 큰 차이점이 존재했습니다. 그는 이론만 제시한 것이 아니라 많은 실험을 통해 자신의 주장을 증명했습니다. 그래서 그는 화학이라는 학문의 기초를 세운 사람으로 평가받고 있습니다.

현대 과학에서 정립된 원소의 정의는 19세기 초 영국의 과학자 **존 돌턴**John dolton**의 원자설**에 기반을 두고 있습니다. 존 돌턴의 원자설에서는 **물질의 특성을 나타내는 가장 작은 단위가 동일한 종류의 원자로 구성되어 있을 때 이를 '원소'라고 부릅니다.** 돌턴의 원자설은 데모크리토스의 개념을 받아들여 물질을 더 이상 나눌 수 없는 최소 단위를 '원자'라고 정의했습니다. 또한 돌턴은 화학 반응이 진행될 때 '미세 입자(원자)들의 상호 교환'이 발생하면서 물질의 변화가 일어나는 것이라고 설명했습니다. 이러한 돌턴의 이론은 후대 과학 발전에 무척 큰 영향을 미쳤습니다.

당신은 어쩌면 이런 의문이 들 것입니다. '고대 그리스의 철학자들과 과학자들은 왜 직접 물질을 쪼개어 원자나 그보다 더 작은 입자를 찾으려고 하지 않았을까?' 이는 그들이 원하지 않았기 때문이 아니라, 그렇게 할 수 없었기 때문입니다. 우리가 가진 재료를 이용해 원자의 크기를 상상해 봅시다. 평범한 종이 한 장을 10조각, 100조각, 1000조각으로 자르다 보면 그 크기는 이미 우리의 머리로는 상상할 수 없을 만큼 작아집니다. **원자의 크기는 대략 평범한 종이를 100만 조각으로 나누었을 때와 비슷**합니다. 이 정도의 크기는 고배율 광학 현미경으로도 볼 수 없습니다. 이러한 미시적 세계를 탐구하던 인류는 다양한 실험 결과를 통해 원자 구조를 추측하고 묘사할 수밖에 없었습니다.

오늘날 우리는 모든 물질이 단순히 네 가지 원소로만 이루어져 있지 않다는 것을 알고 있을 만큼 원소에 대해 훨씬 더 명확하게 이해하고 있습니다. 또한 로버트 보일보다도 더 명확하게 원소를 정의할 수 있고, 존 돌턴보다도 원자 내부의 구조를 더 깊이 이해하고 있습니다. 하지만 우리가 일상에서 흔히 쓰는 이러한 용어들은 사실 수천 년에 걸쳐 쌓인 지식과 지혜의 결과물입니다. 그러니 다음에 누군가 '원소'에 대해 이야기를 할 때, 그 간단한 용어 뒤에 숨어 있는 오래된 역사를 잊지 말고 기억해 주세요!

제2단원

연소를 통해 배우는 화학

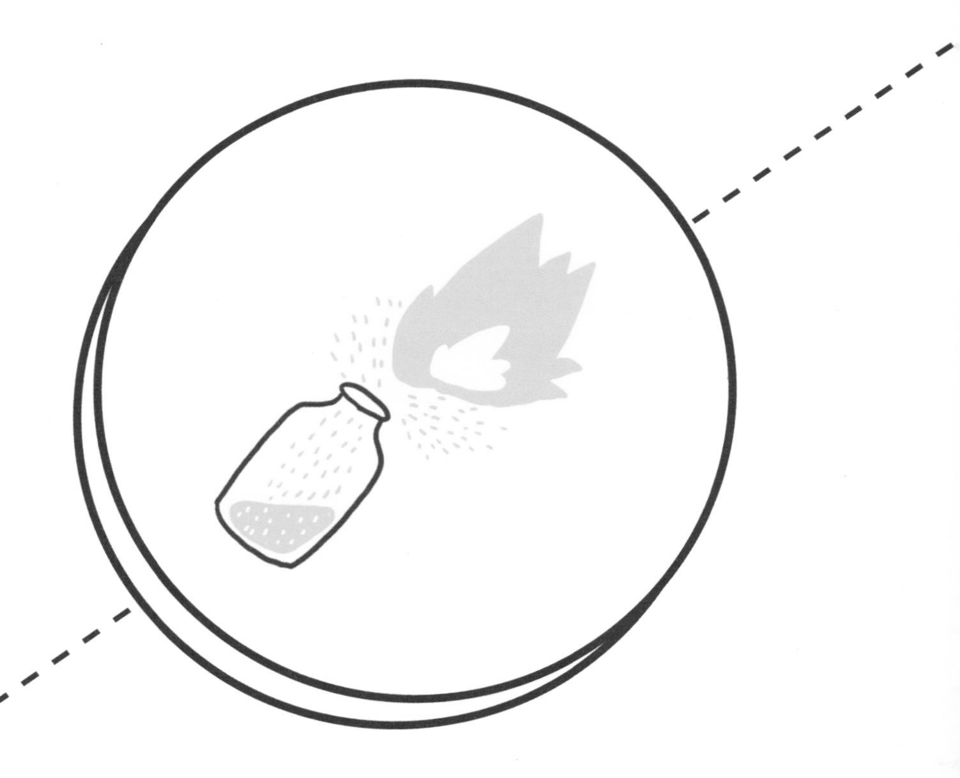

FIRE+REDOX

비록 시험 등수는 꼴찌지만, 이것만큼은 자신 있게 알려줄 수 있어! 연소가 일어나는 데 필요한 세 가지 조건은 바로 '연료', '산화제', 그리고 '점화점'이야(성진 왈 "이런 건 초등학교에서 배우는 내용 아니야?").

하지만 시간을 거슬러 300년 전으로 돌아간다면 이 정도 지식을 알고 있는 것만으로도 엄청 대단한 사람으로 인정받을 수 있어.

이 단원을 통해 우리는 안전한 연료를 직접 만들어 보고, 다양한 색깔의 불꽃을 만들어 볼 예정입니다. 이와 더불어 연소와 관련된 실험을 통해 촉매에 대해 알아보고, 연소 이론이 수천 년에 걸쳐 어떻게 발전해 왔는지 공부해 봅시다.

START

교과 학습 내용

- 물질의 형태와 성질 그리고 분류
- 물질의 구조와 기능
- 물질의 반응 규칙
- 산화 환원 반응

폐 액체의 화려한 변신, 알코올로 안전한 반고체 연료 만들기

 : 바비큐를 구우려면 음식 재료뿐 아니라 불씨를 피울 재료도 사야 하는데….

 : 다 사기는 했는데… 불이 잘 안 붙는 것 같지 않아?

 : 사용하기가 너무 어려운데 대체할 재료가 없을까? 아니면 알코올을 써 볼까?

 : 알코올을 위에 부은 다음 불을 붙여 볼까?

 : 삐삐삐! 위험 경고! 동방왕, 어서 와서 방법을 찾아줘!

 : 휴, 껍데기 없는 달걀도 만들어 봤겠다. 이번에는 폐 액체를 이용해서 알코올을 안전하게 사용할 수 있는 물질로 만들어 보자.

 : 그냥 실험하고 남은 식초를 사용하면 안 되는 거야?

 : 그건 안 돼. 위 실험에서 사용한 식초는 달걀 껍데기를 담근 후 화학 변화가 일어났기 때문에 더는 순수한 식초가 아니야.

: 성진이 말이 맞아. 달걀 껍데기를 넣은 식초에는 칼슘 아세테이트가 포함되어 있단다.

EXPERIMENT

실험 재료 : 칼슘 아세테이트 용액, 95% 알코올, 계량컵과 적당한 크기의 용기, 버리는 금속 캔 또는 기타 내열 그릇

실험 과정 :

❶ 칼슘 아세테이트 용액 : 식초와 달걀 껍데기가 반응한 후 남은 용액을 준비합니다. 만드는 방법은 다음과 같습니다. 식초에 달걀 껍데기를 넣은 다음 저어주거나, 거품이 더 이상 나지 않을 때까지 달걀 껍데기를 추가로 넣어주면 완성입니다. 사용하기 전에 커피 여과지로 걸러주거나, 상층의 맑은 용액만 분리하여 사용합니다.

❷ 95% 알코올 10ml, 칼슘 아세테이트 용액 4ml(부피 비율 5:2)를 각각 다른 컵에 담아 준비합니다.

❸ 알코올을 칼슘 아세테이트 용액에 부어주세요. 그리고 컵을 빠르게 2~3회 흔든 후 가만히 놔두면 몇 초 후 알코올이 얼게 됩니다. (※주의: 두 용액을 혼합할 때 빠르게 진행해야 합니다. 컵을 계속 흔들면 알코올이 제대로 얼지 않을 수 있습니다.)

❹ 얼린 알코올을 소량만 덜어 내어 뒤집어 세워 놓은 금속 캔의 오목한 부분에 놓고, 불이 붙는지 시험해 보세요.

달걀 껍데기에는 탄산칼슘이 포함되어 있으며, 달걀과 식초가 반응하면 **칼슘 아세테이트**가 생성됩니다. 이 물질은 물에 녹아 칼슘 이온(Ca^{2+})과 아세테이트 이온($CH3COO^{-}$) 두 입자로 분리됩니다. 달걀 껍데기의 탄산칼슘과 식초의 아세트산이 모두 반응할 때까지 용액을 계속 저어주고 여기에 달걀 껍데기를 추가로 넣어주게 되면, 보다 순수한 칼슘 아세테이트 용액을 얻을 수 있습니다.

이렇게 만들어진 칼슘 아세테이트 용액에 알코올을 넣으면 용액 안에 더 다양하고 복잡한 입자들이 생겨나 **입자 간의 상호작용**이 증가하게 됩니다. 입자 간의 상호작용력은 물질의 상태에 큰 영향을 미칩니다. 입자 간의 상호작용력이 강하면 고체나 액체 상태가 될 수 있고, 입자 간의 상호작용력이 약하면 기체 상태로 변하게 됩니다. 위 실험에서는 칼슘 아세테이트와 알코올의 혼합으로 인해 젤과 같은 반고체 상태의 물질이 만들어집니다. 하지만 이 젤 형태의 물질은 불안정한 상태입니다. 따라서 이를 오랫동안 방치하거나 칼슘 아세테이트 용액과 알코올을 혼합할 때 너무 과도하게 흔들면 다시 액체 상태로 돌아갈 수 있습니다.

: **식당에서 생선 요리를 먹을 때 난로를 가열하는 용도로 고체 알코올을 사용하기도 해.**

 : 그냥 알코올을 쓰면 안 돼? 번거롭게 왜 그래야 해?

 : 그야 당연히 안전을 위해서지!

알코올은 가연성이 있어서 고온이나 작은 불꽃에도 바로 불이 붙을 수 있습니다. 따라서 알코올을 사용할 때는 매우 조심해야 합니다. **가연성**뿐 아니라 **높은 휘발성** 역시 알코올이 위험한 이유입니다.

어떤 알코올 용액이 담긴 병 안에 알코올 증기가 있다고 상상해 봅시다. 만약 병이 엎질러져 병 속의 알코올 증기가 불씨에 닿게 되면 어떻게 될까요? 알코올 증기가 불에 타면서 발생하는 열은 남아 있는 액체 알코올을 기화시켜 더 많은 가연성 기체를 만들게 됩니다. 아울러 연소 공간이 확장되니 불길은 빠르게 퍼져 매우 위험한 상황으로 치닫게 됩니다. 이것이 바로 **알코올 가스 폭발**입니다.

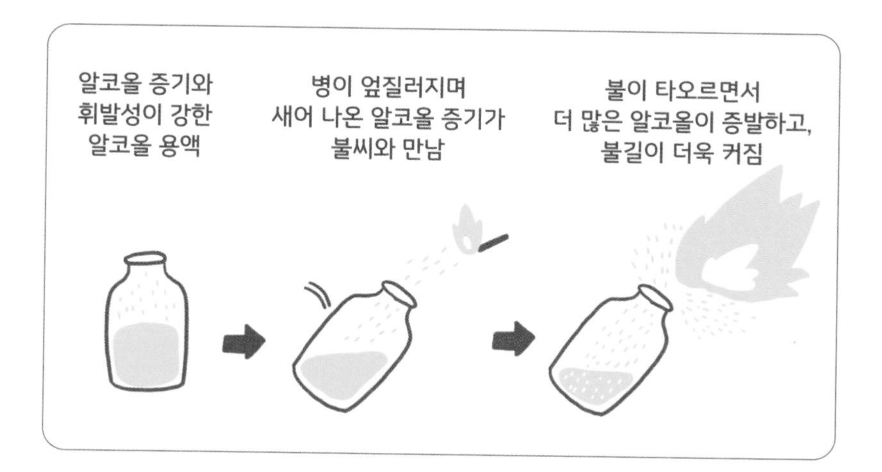

알코올의 휘발로 인한 위험성을 줄이기 위해 제조업체들은 알코올의 입자와 강한 상호작용을 하는 물질을 섞어 알코올의 물리적 상태를 바꿔줍니다. 이 과정을 통해 액체 알코올을 연고 상태, 젤 상태, 심지어 고체 상태의 알코올 블록으로 만듭니다. 이렇게 형태가 변화된 알코올 제품은 액체 알코올에 비해 더 안전하므로 연료로 사용됩니다.

: **물로 불을 끌 수 있는데, 왜 물통이 아니라 젖은 수건을 준비해야 하죠?**

: **불이 났을 때 물을 붓는 것이 오히려 더 위험한 경우도 있어.**

: **왜죠?**

: **물이 오히려 가연성 액체를 퍼지게 만들어 불길이 더 넓게 퍼질 수 있기 때문이야.**

연소가 유지되려면 **불에 탈 수 있는 물질**(알코올)과 **연소를 돕는 물질**(산소)이 필요하며, 물질을 **점화점**(고온 또는 불꽃)에 도달시켜야 합니다. 만일 이 세 가지 조건 중 하나를 제거하게 되면, 연소를 중지시킬 수 있습니다. 우리가 잘 아는 물로 불을 끄는 주된 원리는 온도를 낮추는 것입니다. 물을 불 위에 부으면, 열을 흡수한 물이 증발하면서 수증기가 생깁니다. 그 수증기가 공간에 퍼져 산소의 농도를 낮추게 되고, 그로 인해 불은 꺼지게 됩니다.

연소를 일으키는 세 가지 조건 중
어느 하나라도 제거하는 것이 바로 불을 끄는 핵심입니다!

하지만 **휘발유, 알코올**과 같은 물질을 연료로 사용하여 불을 피우다 화재가 발생한 경우, 섣불리 물을 뿌리면 오히려 연료가 퍼져나가 불길이 더 거세질 수 있습니다. 따라서 가정에서 반고체 상태의 알코올로 연소 실험을 할 때는 **젖은 수건**을 준비하는 것이 좋습니다. 불씨가 작은 경우 젖은 수건을 그 위에 가볍게 덮어주면, 온도가 낮아지고 산소가 차단되어 불이 꺼지게 됩니다. 앞서 언급한 알코올의 연소 원리에 따라 연료 즉, 알코올을 다시 추가하려면 이전의 불씨가 완전히 꺼질 때까지 젖은 수건으로 몇 초간 덮어두어야 합니다. 안전을 위해서 불이 완전히 꺼진 것을 확인한 뒤에 알코올을 추가해 주세요.

: 화재 원인에 따라 불을 끄는 방법도 다르구나. 그래서 소화기 종류가 다양한 거구나.

: 자동차용 소화기라고 해서 크기가 작을 거라 생각하면 오산이야.

 : 화재의 원인은 달라도 연소를 일으키는 세 가지 요소를 제거하면 확실하게 불을 끌 수 있어.

  : 듣고 보니 젖은 수건을 덮어 불을 끄는 건 정말 유용한 방법인 것 같아.

1) 손 세정제에도 알코올이 포함되어 있습니다. 여러분은 손 세정제가 좋은 연료라고 생각하나요? 실험을 통해 관찰한 후 각자의 생각을 말해 보세요.

2) 알코올의 화학 명칭은 에탄올입니다. 하지만 시중에서 판매 중인 반고체 알코올의 주성분은 메탄올입니다. 메탄올과 에탄올에 관한 자료를 수집해서 둘의 공통점과 차이점을 찾아보세요.

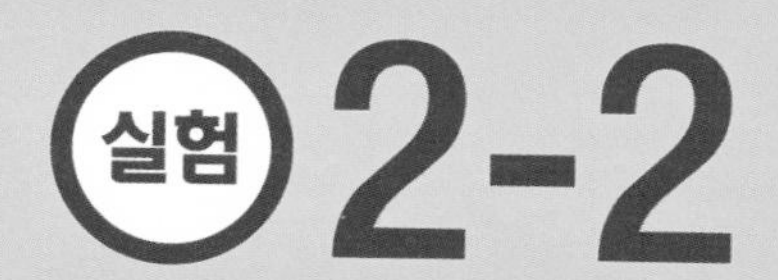

실험 2-2

교과 학습 내용

- 물질의 구성과 원소의 주기성
- 에너지의 형태와 전환
- 물질의 구조와 기능
- 과학 발전의 역사

카메라 필터는 이제 안녕!
이제 집에서도 화려한 불꽃을 만들 수 있어요!

 : 캠프파이어 때 사용할 불꽃놀이용 폭죽이 필요해요.

 : 여기 불꽃놀이용 폭죽 한 상자가 있네.

 : 이걸 터뜨리면 효과가 아주 좋을 것 같아요!

 : (위험 감지) !!!

 : 캠프파이어 때 사람이 많아서 폭죽은 터뜨리면 안 될 것 같은데….

 : (안도) 휴~

 : 자, 폭죽은 반납하도록! 그리고 지금부터 아름다운 불꽃을 만들어 보자!

EXPERIMENT

실험 재료 : 반고체 알코올, 버리는 금속 캔 또는 기타 내열 용기, 라이터, 불꽃놀이용 폭죽, 흰 종이, 작은 숟가락 또는 면봉, 젖은 수건(불 끄기 용도)

실험 과정 :

❶ 폭죽의 한쪽 끝을 뜯어 그 안에 들어있는 가루를 흰 종이 위에 부어놓습니다. 폭죽 내부에 층층이 다른 색의 가루가 들어있기 때문에 가능한 색깔별로 가루를 분리해서 붓습니다. 이 작업은 화기와 멀리 떨어진 곳에서 진행해 주세요.

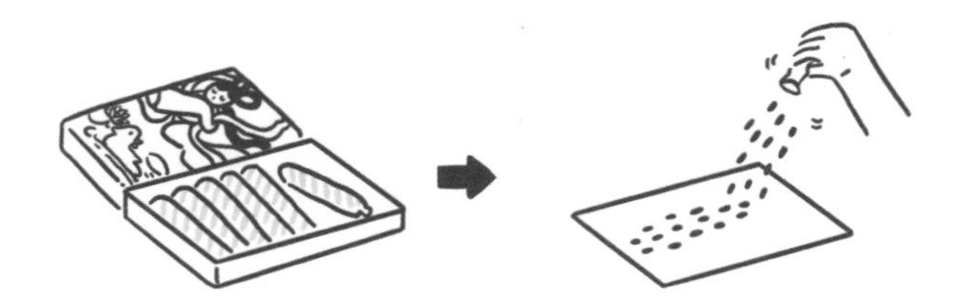

❷ 뒤집어 세워 놓은 금속 캔의 오목한 부분에 반고체 알코올을 소량 덜어 놓습니다.

❸ 수저로 약간의 폭죽 가루를 덜어 반고체 알코올 위에 놓습니다. 그다음 반고체 알코올에 불을 붙입니다. 이때 알코올이 탈 때 나타나는 원래의 불꽃색 외에도, 폭죽 가루가 만들어 내는 다양한 색의 불꽃을 관찰할 수 있습니다. 실험을 통해 몇 가지 색을 발견할 수 있는지 직접 확인해 보세요.

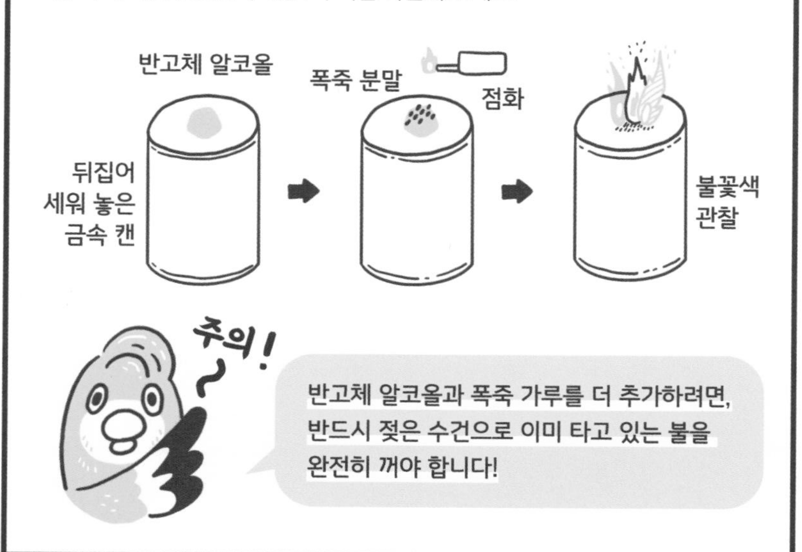

: 집에서도 직접 녹색 불꽃을 만들 수 있다니! 신난다!

: 황의 불꽃색은 남색 빛을 띠는 보라색이야.

: 그럼 내 다홍색 깃털은 무슨 성분인 거지?

: 먼저 불꽃 색깔에 대해 이야기해 보자!

우리는 폭죽을 터뜨릴 때 다양한 색깔의 불꽃을 볼 수 있는데, 이는 다양한 성분의 금속 가루 때문입니다. 일반적으로 금속 가루 성분에 **스트론튬 염**이 포함되어 있으면 **빨간색 불꽃**을 볼 수 있고, **구리염**이 포함되어 있으면 **녹색 불꽃**을 볼 수 있습니다. 불꽃놀이용 폭죽의 포장 박스에 기재된 성분을 읽어보고, 그 안에 어떤 금속 원소들이 들어 있는지 찾아보세요(금속 원소들을 나타내는 한자에는 '金(쇠금)'자가 부수로 포함되어 있습니다). 그리고 폭죽을 터뜨렸을 때 불꽃색이 몇 가지인지 세어 보세요.

과거 과학자들은 금속의 성분이 다르면, 연소할 때 불꽃의 색깔도 다르다는 사실을 발견했습니다. 이 원리를 역으로 이용하면, 미지의 물질을 태워 불꽃의 색으로 그 안에 포함된 금속의 종류를 추측해 낼 수 있습니다. 만일 어떤 물질들을 태웠는데 육안으로 보기에 불꽃색이 비슷하다면, 빛의 **파장**을 분석하여 물질의 구성 성분을 알아볼 수 있습니다.

: 불꽃색이 이렇게도 활용되다니. 과학자들은 정말 똑똑해!

: 그런데 왜 성분이 다르면 불꽃색도 달라지나요?

: 그 이유를 설명하려면 일단 '전자'라는 작은 입자에 대해 알아야 해.

교과서에는 물질이 여러 가지 원자로 구성되어 있다고 나와 있습니다. 하지만 원자의 종류와 상관없이, 모든 원자의 내부에는 **전자**가 존재합니다. 폭발 또는 연소가 일어날 때, 금속 원자를 구성하는 전자들은 열에너지를 흡수하면서 활성화됩니다. 이때 전자가 흡수한 열에너지는 빛으로 전환되어 방출되는데, 이것이 바로 우리가 보는 불꽃의 색깔입니다.

어떤 원자 안에 있든지 전자의 기본적인 특성은 동일합니다. 하지만 금속 원자마다 전자에 제공하는 환경이 다르기 때문에 전자가 흡수할 수 있는 에너지의 크기가 달라지고, 그로 인해 여러 가지 색의(또는 파장) 빛을 방출하게 됩니다.

같은 원자를 가지고 실험을 할 경우, 그 원자는 어디에서나 동일한 파장의 빛을 생성합니다. 이 말은 빛의 색깔만으로 대략적인 원자의 종류를 판단할 수 있음을 뜻합니다. 원자에서 방출되는 빛의 파장을 나열하고, 이를 스펙트럼으로 그려내어 데이터베이스와 정확히 비교하면 원자의 종류를 확인할 수 있습니다. 한마디로 **빛의 스펙트럼은 원자의 '지문'**인 셈입니다. 한편 수많은 유기물은 적외선 영역의 빛을 흡수하고 방출하며 적외선 스펙트럼을 만드는데, 유기물의 적외선 스펙트럼에는 유기물 분자 구조에 따라 특정 파장대가 형성됩니다. 그래서 과학자들은 물질을 식별하는 데 사용되는 이 범위를 **'지문 영역**fingerprint region'이라고 부릅니다.

: 원리는 이해했어. 근데 나는 전자나 원자를 본 적이 없는데?

: 전자나 원자의 입자는 크기가 아주 작아서 눈으로는 볼 수 없어.

: 나의 매의 눈으로도 못 보는 거야?

: 전자나 원자는 고배율의 광학 현미경으로도 볼 수 없단다!

사람은 물체가 반사하는 빛을 통해 사물을 볼 수 있습니다. 그리고 물체의 색은 그 물체가 흡수하는 빛과 방출하는 빛에 의해 결정됩니다. 예를 들어 어떤 물체가 빨간색으로 보인다면, 그 물체는 **적색광을 반사하는 동시에 적색광을 제외한 모든 색의 빛을 흡수**하고 있음을 의미합니다. 즉, 물체가 보이는 색깔은 그 물체가 흡수하지 않고 반사하는 빛의 색깔입니다.

원자는 크기가 매우 작은데, 원자의 지름은 가시광선보다도 짧습니다. 이처럼 너무나 작은 크기 때문에 원자는 가시광선을 반사할 수 없습니다. 따라서 일반 광학 현미경으로는 배율을 아무리 높여도 원자를 볼 수 없습니다. 원자를 눈으로 직접 볼 수는 없지만 다른 방법으로 원자에 대한 정보를 얻고, 이를 통해 원자의 모습을 가늠할 수 있습니다.

그 방법 중 하나가 바로 **주사 터널링 현미경**STM과 **원자력 현미경**AFM입니다. 이러한 현미경들은 나노 과학 기술 세계로의 문을 여는 열쇠와도 같습니다.

1) 금속이 연소할 때 나타내는 불꽃색을 키워드로 검색하여 관련 이미지를 찾아보세요. (예: 스트론튬 불꽃색) 그런 다음 자신의 실험 결과와 비교하여 어떤 가루에 어떤 금속이 포함되어 있는지 분석해 보세요.

2) 반고체 알코올을 연료로 사용할 경우, 실제로 눈에 보이는 불꽃색에는 금속의 특성뿐 아니라 알코올의 연소로 인해 발생하는 색도 포함됩니다. 이로 인해 금속화합물이 탈 때 나타내는 불꽃색을 정확히 관찰하기가 어렵습니다. 어떻게 하면 이 문제를 해결할 수 있을지 고민해 보세요.

교과 학습 내용

- 물질의 형태와 성질 그리고 분류
- 유기 화합물의 성질과 반응
- 과학, 기술 및 사회의 상호 관계
- 생활 속 과학 응용

슬라임 속에 접착제가 숨어 있다고? 교차 결합이란

 : 반고체 알코올은 정말 유용한 것 같아. 우리 좀 더 많이 만들어 보자.

 : 포스터도 그려 가서 친구들한테 가르쳐주자.

 : 좋아! 그럼 준비물을 살펴보자. 종이, 색연필, 접착제, 가위….

 : (고개를 쑥 내밀며) 음, 접착제가 필요하다고?

 : 동방왕을 막지 못해서 미안….

  : 선생님, 좀 전까지 어디 숨어 계셨어요?

 : 그건 중요하지 않아. 중요한 건 접착제가 슬라임 속에 숨어 있다는 사실이야!

EXPERIMENT

실험 재료 : 접착제, 베이킹소다, 콘택트렌즈 세척액(성분에 반드시 붕산이 포함되어 있어야 한다), 적당한 크기의 용기와 섞는 도구, 색소

실험 과정 :

❶ 접착제 20g에 베이킹소다를 녹두알 크기만큼 넣고 고루 섞어주세요.

❷ 콘택트렌즈 세척액을 약 1ml 부어준 다음, 내용물이 걸쭉해질 때까지 계속 저어주세요. 접착제의 상태를 봐가며 콘택트렌즈 세척액을 천천히 추가해 원하는 농도로 조절해 주세요. 단, 슬라임이 손에 달라붙지 않는 질감으로 만들어 주세요. 이때 콘택트렌즈 세척액을 한 번에 너무 많이 넣지 않도록 주의해 주세요.

❸ 첫 번째 단계에서 베이킹소다를 넣기 전 혹은 두 번째 단계에서 슬라임 형태를 잡은 후 원하는 색소나 반짝이를 추가해서 슬라임을 꾸며주세요.

 : 슬라임을 만드는 과정도 너무 재밌다. 게다가 문구점에서 파는 것보다 훨씬 말랑말랑해.

 : 그렇다고 얼굴에 가져다 대지는 마세요오오오!

 : 그럼 이제 원리에 대해 이야기해 볼까?

 : 너 언제부터 이렇게 학구파로 변한 거야?

 : 그동안 제대로 배울 기회가 없었던 것뿐이야!

투명하고 걸쭉한 접착제의 주성분은 **폴리비닐 알코올**[PVA]**과 붕사**[Borax] **그리고 물**입니다. 폴리비닐 알코올은 수용성 플라스틱입니다. 붕사는 비료, 세척제, 살충제로 사용되는 물질로 물에 녹으면 붕산염 이온이 만들어집니다. 이 세 가지를 섞으면 폴리비닐 알코올은 붕산염 이온과 탈수 반응을 일으켜 결합하게 되고, 그 결과 그물 구조가 형성됩니다. 접착제를 사용할 때, 물체에 접착제를 바른 뒤 접착제의 수분이 마를 때까지 기다려야만 접착제를 바른 물체들끼리 단단히 붙게 됩니다. 이 과정은 화학적 변화에 속합니다. 따라서 말라버린 접착제는 물을 추가해도 원래 상태로 돌아가지 않습니다.

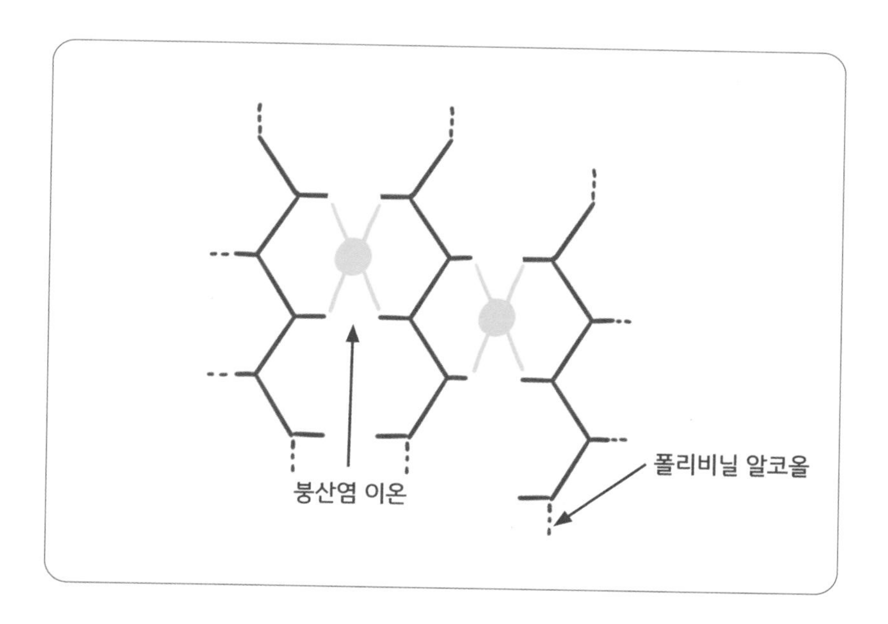

하지만 일반 접착제에는 붕산염 이온의 함량이 매우 적기 때문에, 일반 풀만으로는 슬라임을 만들기 어렵습니다. 그래서 콘택트렌즈 세척액과 같이 **'교차결합제'**를 함유한 물질을 추가해야 합니다. 교차결합제는 풀 속의 PVA가 더 많은 붕산염 이온이 **교차결합**을 하도록 도움을 줍니다.

접착제와 콘택트렌즈 세척액을 섞을 때 용액 안에서는 탈수로 인한 새로운 결합 형성(물 분자가 제거되어 슬라임 점성이 증가_역주), 불가역적인 화학적 교차결합(슬라임의 형태 유지_역주), PVA와 붕산염 이온 간의 상호작용력을 증가시켜 두 물질이 더 밀접하게 결합하면서도 가역적인 성질(원래 상태로 회복_역주)을 갖게 하는 물리적 교차결합이 일어납니다. 이처럼 작은 슬라임 장난감에도 다양한 과학 원리가 숨어 있답니다.

: 슬라임은 외계인이랑 닮은 것 같아. 공중에서 조종할 수 있다면 정말 재미있을 것 같은데….

: 공중에서 조종하려면 자석의 힘을 이용하면 될 것 같은데?

: 그럼 자석 가루를 넣어볼까?

: 너희들 핫팩 가지고 있니? 배합을 조금만 바꾸면 만들 수 있어.

풀 20g과 핫팩에 들어있는 쇳가루 10g을 고르게 섞어주세요. 그런 다음 혼합액에 포화 붕사 용액을 몇 차례에 나눠 넣습니다. 한 번 넣을 때마다 10방울씩 넣어준 뒤 고르게 잘 섞이도록 저어주세요. 슬라임이 손에 묻어나지 않을 때까지 이 과정을 4~5회 반복해 줍니다. 이 실험의 원리는 앞서 슬라임을 만드는 원리와 같습니다. 다만 상당량의 핫팩 쇳가루를 추가하기 때문에 PVA와 같은 교차결합제를 사용하게 되면 슬라임 만들기 실패 확률이 높아집니다. 따라서 이와 같은 상황에서는 포화 붕사 용액을 첨가해야 슬라임을 쉽게 완성할 수 있습니다.

완성된 슬라임의 한쪽을 뾰족하게 만들어 주세요. 그런 다음 슬라임과 약간 떨어진 위치에서 자석으로 슬라임을 조종하며 다양한 모양으로 변하는 슬라임을 관찰해 보세요. 슬라임 안에 자성을 띠는 쇳가루가 섞여 있어 슬라임이 자석의 움직임에 따라 모양이 변하게 됩니다. 쇳가루 외에도 슬라임 안에 형광 가루나 시온 잉크(열 변색 잉크_역주)를 넣어 다양한 성질의 슬라임을 만들 수 있습니다. 과학 원리를 응용해서 세상의 하나뿐인 슬라임을 만들어 보세요!

  : 실험을 끝내고 나니 배고프네. 간식 먹자!

: 너희 손 씻을 때 비누칠을 안 하던데, 다시 씻고 와! 안 그러면 둘 다 내쫓을 거야.

: 무무는 참 철저해. 얘들아, 붕사 용액에는 인체에 유해한 독성이 있으니까 꼼꼼히 잘 씻어야 해.

: 그렇게 위험한 물질이었어요? 그런데 왜 쫑즈(찹쌀을 대나무 잎에 싸서 실로 묶어 찐 중국 전통음식_역주) 안에는 붕사를 넣는 거죠?

과거 한때 붕사는 **식품 첨가제**로 사용되었습니다. 쫑즈, 완자, 어묵 재료에 소량의 붕사를 첨가하게 되면 교차결합 작용이 일어나 식품의 쫀득하고 쫄깃한 식감이 더해졌기 때문입니다. 하지만 붕사가 인체에 유해하다는 연구 결과가 나온 이후, 지금은 식품에 붕사를 사용하는 것이 금지된 상태입니다. 현재 쫑즈에는 붕사 대신 소다(탄산나트륨)가 포함된 염기성 분말이 첨가되어 비슷한 식감 효과를 냅니다.

어쩌면 여러분 중 이런 의문이 드는 사람도 있을 것입니다. 붕사가 독성이 있는 물질이라면, 예전 사람들은 어째서 붕사가 첨가된 음식을 먹고도 멀쩡했던 것일까요? 그 이유는 이렇습니다. 인체는 다양한 물질을 어느 정도 견뎌낼 수 있는 능력이 있기 때문에 소량을 섭취한 경우에는 정상적으로 소화가 가능합니다. 다만 과량 섭취했을 경우 인체에 손상을 줄 수 있습니다. 또한 소량이라도 인체가 소화하기 어려운 몇몇 물질이 있는데, 이는 인체에 유해한 독성이 높은 물질로 분류됩니다.

 : 합법적인 식품이라 해도, 과량 섭취하면 신체에 무리를 줘서 독성에 중독될 수 있어!

물론 식품에 첨가된 미량의 붕사는 인체에 무해하지만, 몇몇 곤충한테는 치명적일 수 있습니다. 실험 후 남은 붕사는 바퀴벌레, 개미를 퇴치하는 약품 제조 용도로 사용할 수 있습니다.

 : 이 실험에서는 반드시 버리는 핫팩을 사용해야겠지?

 : 실험에 사용하는 쇳가루나 새 핫팩에 들어있는 쇳가루 모두 자성이 있기는 마찬가지야.

 : 그럼 버리는 핫팩을 사용한다면 환경보호에도 도움이 되겠네?

 : 어느 정도는 그렇겠지? 하지만 핫팩 안에는 활성탄, 질석, 염류, 흡수성 수지 등의 물질이 들어있어. 이 물질들은 공기에 닿게 되면 안정적으로 산화하여 열에너지를 방출하고…(어느새 자기 세계에 빠져드는 중)

 : 에휴. 정리하자면 너희들이 화상을 입을 수도 있다는 이야기야.

1) 접착제 외에도 스티로폼 접착제와 물풀에도 비슷한 효과가 있습니다. 이 접착제들로 슬라임을 만드는 실험을 한 뒤, 각 슬라임의 성질에 어떤 차이가 있는지 비교해 보세요.

2) 붕사는 바퀴벌레 및 개미 퇴치 약의 재료로 사용됩니다. 인터넷에서 제조법을 검색해서 실험 후 남은 붕사로 바퀴벌레 및 개미 퇴치 약을 만들어 주변 친구들과 나눠 보세요.

교과 학습 내용

- 생물체가 가지고 있는 에너지 양과 대사
- 생태계의 구성
- 화학 반응의 속도와 균형
- 유기 화학물의 성질과 반응

젤라틴을 훔쳐 먹은 범인은 바로 파인애플!

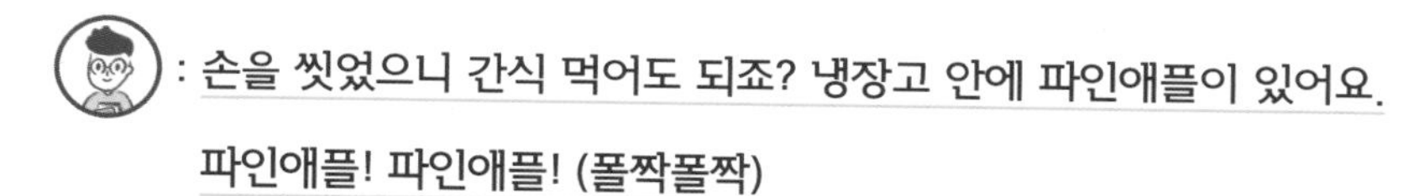
: 손을 씻었으니 간식 먹어도 되죠? 냉장고 안에 파인애플이 있어요. 파인애플! 파인애플! (폴짝폴짝)

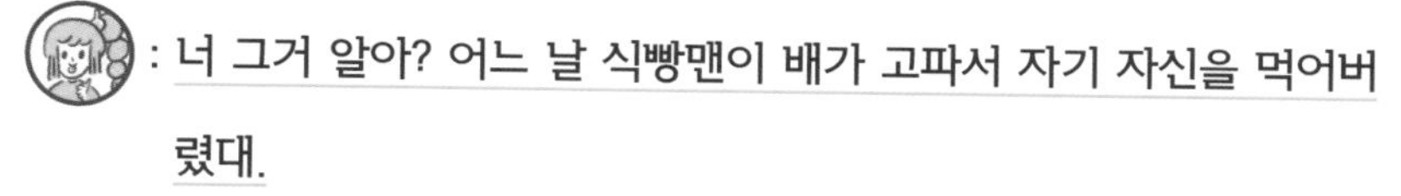
: 너 그거 알아? 어느 날 식빵맨이 배가 고파서 자기 자신을 먹어버렸대.

: 썰렁하긴.

: 음, 방금 누가 파인애플 이야기를 한 것 같은데?

: 아아아! 또 이러기예요? 파인애플도 실험 재료로 뺏기겠네.

: 과학을 위해 양보하자. (잘 됐다. 난 파인애플 싫어하거든!)

EXPERIMENT

실험 재료 : 젤라틴 가루(동물성 젤라틴), 신선한 파인애플, 통조림 파인애플 또는 끓는 물에 익힌 파인애플, 물과 적당한 크기의 그릇

실험 과정 :

❶ 물 200g에 젤라틴 가루를 약 10g 넣어줍니다. 약불로 가열하는 동시에 젤라틴 가루가 완전히 용해될 때까지 저어주세요. 젤라틴이 완전히 용해된 혼합물을 세 컵에 나눠 담은 뒤 서늘한 곳에서 굳혀 주세요.

(※주의 : 가열 온도가 50℃를 초과하면 젤라틴의 응고 능력이 손상될 수 있으므로 주의해야 합니다.)

❷ 젤라틴이 굳은 후 첫 번째 컵의 젤라틴 표면에는 신선한 파인애플 조각을, 두 번째 컵에는 통조림 파인애플 또는 끓는 물에 10분 동안 익힌 파인애플 조각을 올려놓습니다. 비교를 위해 세 번째 컵에는 아무것도 넣지 않습니다.

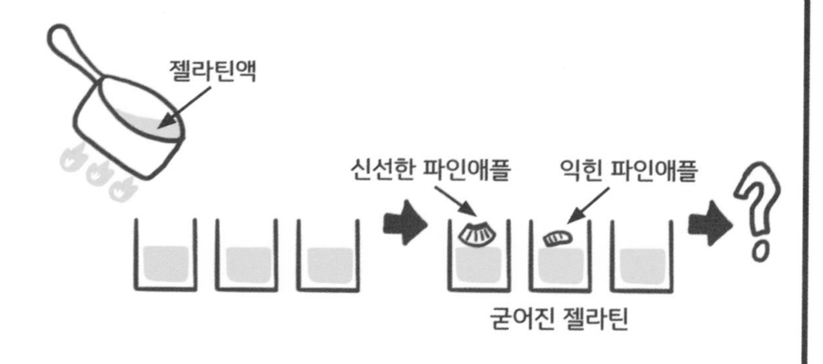

❸ 약 20분간 그대로 두었다가 파인애플이 닿았던 부분의 움푹 들어간 정도를 살펴보세요.

: 신선한 파인애플은 젤라틴을 파먹었어. 이 실험 결과를 보고 너희들은 무슨 생각이 드니?

: 음… 신선한 파인애플로는 젤리를 만들지 않아야겠다는 생각?

 : 통조림 파인애플과 신선한 파인애플의 성분에는 어떤 차이점이 있나요?

 : 나도 나도! 나도 젤리 먹고 싶어!

 : 그럼 무무는 젤리를 먹고, 우리는 젤리가 만들어지는 원리에 대해 이야기해 보자.

  : 왜 무무만 젤리를 먹는 거죠?

집에서 사골국과 같은 고깃국을 끓여 냉장고에 보관하면 국물이 젤리처럼 응고됩니다. 왜냐하면 국물 속에 **콜라겐** 성분이 포함되어 있기 때문입니다. 젤라틴은 동물의 뼈와 피부에서 추출한 콜라겐을

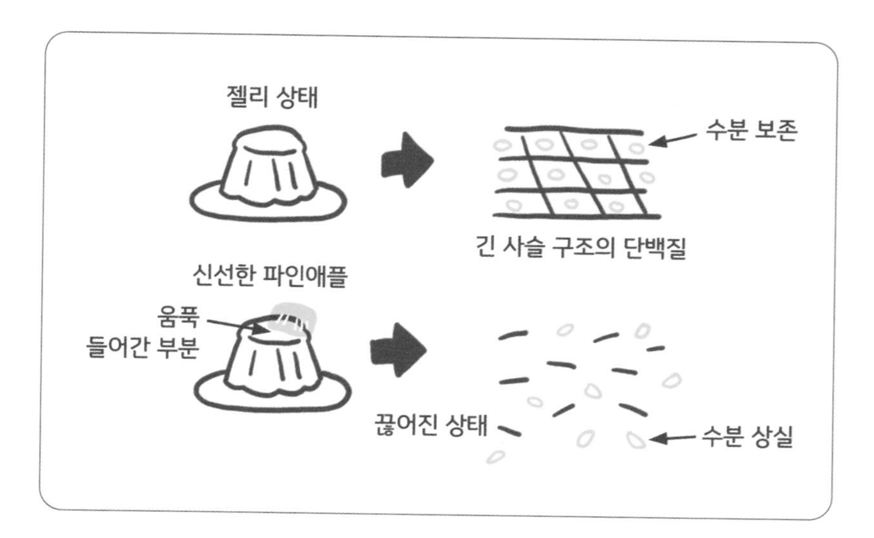

가공하여 만든 것으로, 대표적으로 간식 젤리, 화장품, 의료용 젤 등이 있습니다.

젤라틴이 젤리 형태로 응고되는 이유는 젤라틴과 같은 단백질은 **긴 사슬 구조**를 가지고 있기 때문입니다. 젤라틴을 물에 녹인 후 온도를 낮추면 이 긴 단백질 사슬이 재배열됩니다. 이때 단백질 사슬 사이의 겹치는 구멍에 물 분자들이 갇히게 되면서 액체 상태의 젤라틴이 젤리 같은 상태가 되는 것입니다.

한편 파인애플에는 **프로테아제**, 일명 **파인애플 효소**라고 불리는 성분이 포함되어 있는데, 이는 단백질을 분해하는 성분입니다. 이 효소는 젤리 상태로 변한 단백질의 긴 사슬을 잘라내어 물 분자가 빠져나가게 만듭니다. 그 결과 젤리가 녹아내리거나 먹힌 것처럼 보이게 됩니다.

: **파인애플 효소라… 파인애플 말고도 이런 효소를 가지고 있는 과일이 또 있을걸?**

: **나 알아! 키위 효소를 파는 광고를 본 적이 있어!**

: **파인애플뿐 아니라 다른 과일로도 가능하다 이거지? 전부 가져와서 실험해 보자!**

  : (눈을 부릅뜨고 여러 가지 과일을 살피는 중)

 : 살기가 느껴지는데!

단백질을 분해하는 효소는 파인애플에만 있는 것이 아닙니다. 키위와 같은 다른 과일에도 유사한 성분이 있으니 가정에서 다른 과일을 가지고 실험해 보세요. 위 실험에서처럼 응고된 젤라틴 위에 과일을 올려놓고 외형 변화를 관찰해 봐도 좋고, 완전히 굳지 않은 액체 상태의 젤라틴액에 과일 조각이나 주스를 넣어 섞어보는 방법도 있습니다. 파인애플즙 등 생과일주스를 섞은 젤라틴액은 시간이 아무리 지나도 굳지 않는 것을 관찰할 수 있습니다.

젤라틴의 주성분은 **단백질**입니다. 단백질은 고온에서 가열하거나 특정 조건에서 성질이 변하여 비활성화될 수 있습니다. 따라서 젤라틴액을 끓일 때는 온도 조절에 신경을 써야 합니다. 사실 젤라틴뿐 아니라 파인애플 효소 역시 고온에 약합니다. 그래서 한번 끓였거나 가공 처리된 파인애플즙은 효소 기능도 잃었기 때문에 젤리 상태의 젤라틴을 분해하지 못합니다.

 : 갑자기 든 생각인데, 젤라틴은 동물의 뼈에서 얻는 거잖아. 그럼 젤라틴도 육류 식품인 거야?

: 그럼 젤리도 육류 식품인가?

: 사실 일부 젤리는 정말로 육류 식품에 속한단다!

젤라틴을 끓일 때 강한 비린 냄새를 맡아본 적이 있을 것입니다. 이런 냄새가 나는 이유는 젤라틴의 주성분이 동물의 조직에서 추출되기 때문입니다. 따라서 젤라틴은 육류에 속합니다. 대다수의 젤리류 간식에는 **아교(젤라틴의 또 다른 이름)**라는 성분이 포함되어 있어 젤리류 간식 역시 육류에 속합니다. 만약 채소류 식품에서 젤리와 비슷한 식감을 얻고자 한다면 **해조류**에서 추출한 식물성 젤라틴(**젤리T**라고도 부름)을 사용하면 됩니다.

젤라틴은 단백질이고, 젤리T의 주성분은 **탄수화물**입니다. 위 실험에서 첨가한 파인애플 효소는 단백질만 분해할 수 있습니다. 만일 실험에서 젤라틴 대신 젤리T를 사용하게 되면, 파인애플이나 키위를 넣는 양과 상관없이 젤리를 만들 수 있습니다. 따라서 이 방법으로는 효소의 존재를 검증할 수 없습니다.

: 다음번 축제에서 젤리를 팔 때 기억해 둬야지. 젤리를 만들려면 신선한 파인애플은 사용하지 말 것!

: 신선한 파인애플을 사용해도 괜찮아. 젤라틴 대신에 젤리T로 바꾸면 되잖아.

: 그렇네, 똑똑한데?

: 당연한 말씀. 문제를 해결할 수 없다면 문제를 일으킨 원인을 해결하면 되지 않겠어?

사고 확장하기

1) 위 실험에서는 어떤 기본적인 원리의 차이에 의해 젤라틴을 젤리T로 대체할 수 없는 것일까요?

2) 파인애플을 소화시키는 과정에서 파인애플 효소는 어떤 요인들로 인해 활성을 잃게 되는 걸까요?

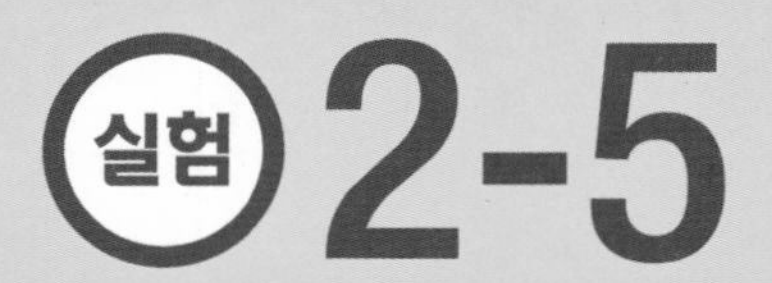

교과 학습 내용

- 생물체가 가지고 있는 에너지 양과 대사
- 생태계의 구성
- 화학 반응의 속도와 균형

파인애플 효소가 계란국을 망쳤어요

: 방금 든 생각인데, 파인애플 효소가 단백질을 파괴한다면 달걀은 어떻게 될까?

: 달걀 안에는 단백질이 아주 많으니까, 파인애플 효소와 달걀을 합치면 어떤 현상이 일어날지 궁금해.

: 이런 때는 직접 실험을 해 보는 것이 최고지. 달걀이 어디 있지?

: (계속 달걀을 깨뜨릴 모양인데, 내가 막아야 하나?)

EXPERIMENT

실험 재료 : 달걀, 신선한 파인애플즙, 물, 적당한 크기의 용기

실험 과정 :

❶ 달걀을 풀어 내열 용기 2개에 고르게 나눠 담습니다.

❷ 그중 한 곳에는 신선한 파인애플즙을 넣어주고, 나머지 한 곳에는 파인애플즙과 동량의 물을 넣어 대조군으로 사용합니다. 각각의 그릇에 담긴 내용물을 잘 섞어 준비해 주세요.

❸ 약간의 뜨거운 물을 준비해 주세요. 달걀액이 담겨 있는 두 그릇에 뜨거운 물을 붓고 섞어 준 다음, 각 용기에 담겨 있는 달걀액의 차이를 관찰해 보세요.

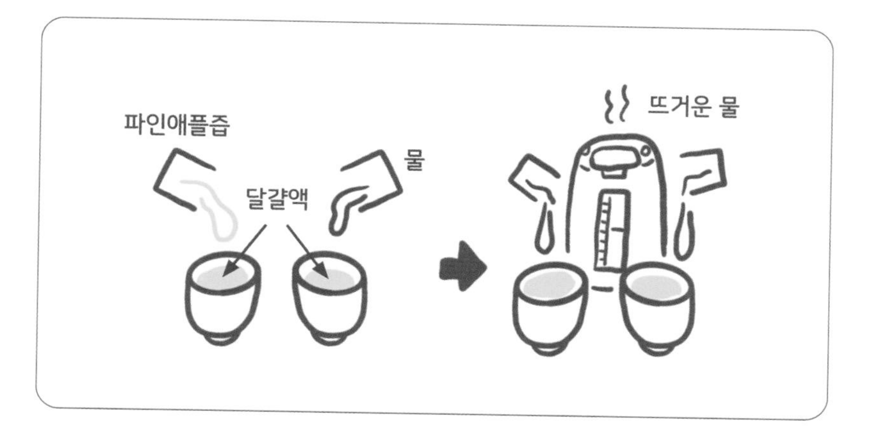

: 왜 삶은 달걀로는 실험하지 않는 거야?

: 왜냐하면 달걀을 삶으면 단백질의 성질이 변하기 때문이야.

: 그럼 파인애플즙을 넣었을 때 변하지 않는 이유는 뭐야?

: 그 질문에 대한 답을 알려면 앞의 실험을 다시 떠올려보면 돼.

앞의 실험에서 우리는 파인애플에 단백질을 분해할 수 있는 효소가 포함되어 있다는 사실을 알게 되었습니다. 이 효소를 달걀액에 섞은 뒤 저으면 단백질을 파괴할 수 있고, 이로 인해 열에 의해 응고되

는 단백질의 특성이 사라지게 됩니다. 그 결과 뜨거운 물을 부어도 달걀액은 여전히 액체 상태를 유지하게 되며 달걀이 몽글몽글하게 뭉쳐지지 않게 됩니다.

육류의 주요 성분 역시 단백질이므로, 파인애플 효소의 이러한 특성은 앞선 두 실험 이외에도 주방에서 매우 유용한 **천연 연육제**로 사용됩니다. 신선한 파인애플즙을 양념에 추가하면 육류의 단백질을 분해하여 고기의 식감이 더 부드럽고 연해집니다. 하지만 고온에서는 효소의 기능이 저하되므로, 반드시 조리 전 고기 양념을 잴 때 넣어야 한다는 사실 잊지 마세요.

 **: 사실… 난 파인애플 싫어해.**

 **: 어쩐지. 선생님이 파인애플을 가져갈 때 몰래 웃고 있더라니!**

 **: 하하하! 파인애플을 먹으면 혓바닥이 아파서 먹기 싫은 거지?**

 **: 그럼 나처럼 통조림 파인애플을 먹어봐. 아주 달고 맛있어!**

파인애플을 먹을 때 혀가 베이는 듯한 느낌이 드는 이유 역시 파인애플 효소와 관련이 있습니다. 사람의 입과 혀도 단백질로 구성되어 있기 때문에, 효소와 접촉하면 약간의 손상을 입게 됩니다. 그러나 파인애플 통조림이나 파인애플 요리에 들어있는 효소는 이미 파괴되었

기 때문에 안심하고 마음껏 먹어도 괜찮습니다.

현재 시중에 판매하는 대부분의 파인애플은 품종 개량을 거쳤기 때문에 먹었을 때 혀가 따가운 문제가 크게 줄었습니다. 하지만 파인애플을 먹고 나서 여전히 불편함이 느껴진다면 파인애플에 소금을 조금 뿌려보세요. 파인애플 표면의 염분 농도가 높아지면 파인애플에 들어있는 효소의 활동이 억제됩니다.

인체는 정상적인 작동을 유지하기 위해서 다양한 종류의 **효소**enzyme를 만들어냅니다. **촉매제**와 같은 역할을 하는 효소는 특정 물질에만 영향을 미치는 특이성을 가지고 있으며, 특정 환경에서만 효과를 발휘합니다. 가령, 위에서는 단백질을 분해하기 위해 존재하는 **펩신**pepsin이 분비됩니다. 펩신은 단백질을 분해하는 기능을 가지고 있고, 위산과 같은 산성 환경에서 가장 활발하게 작용합니다.

: 촉매제? 귀에 익숙한 용어인데?

: 쉽게 말해서 과산화수소수에 넣는 이산화망간은 반응 속도를 촉진해 주는 촉매제야.

: 맞아. 반응 속도를 높이는 방법은 아주 많아. 촉매제도 그중 하나야.

일반적으로 화학 반응은 정확한 물질과 적절한 조건을 선택해야만 발생합니다. 달걀 껍데기와 식초가 산성 환경에서 반응하는 것은 비교적 간단한 조건에서 일어나는 화학 반응입니다. 좀 더 복잡한 화학 반응은 정확한 온도, 압력, pH 값 등의 조건이 충족되어야 일어날 수 있습니다. 몇몇 더 복잡한 화학 반응의 경우 촉매제를 사용하여 반응을 가속하기도 합니다.

반응이 일어나려면 반응물이 생성물로 변환되는 과정에서 넘어야 하는 장벽이 있습니다. 그 장벽을 하나의 산으로 비유해 봅시다. 넘어야 하는 산이 높든 낮든, 반응물은 반드시 그 산을 넘어야만 목적지에 도달할 수 있습니다. 촉매를 추가하는 것은 한마디로 산에 터널을 파서 반응물이 더 편리하고 빠른 길로 목적지에 도달할 수 있도록 도와주는 것과 같습니다.

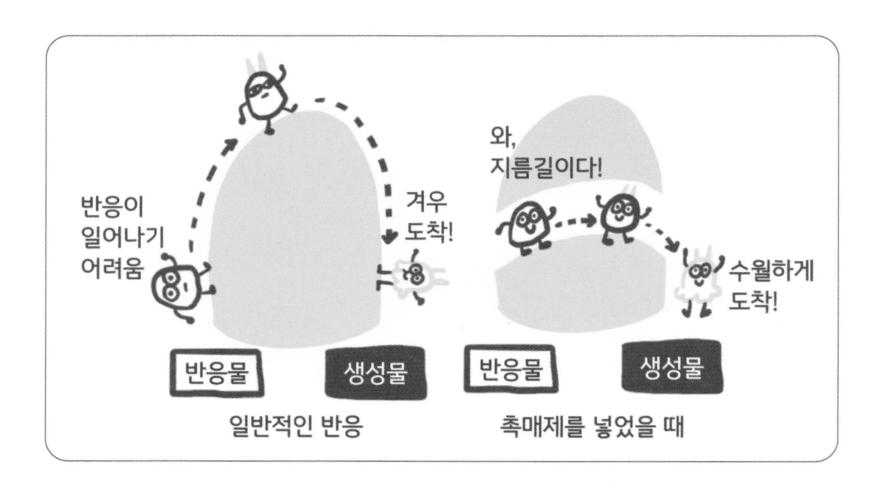

: 파인애플즙을 섞어서 계란국을 끓이면 조리 방법은 같아도 달걀이 몽글몽글하게 뭉쳐지지 않을 텐데, 이것도 계란국이라고 부를 수 있을까?

: 너무 철학적인 질문인데? 태양빵(대만의 인기 디저트_역주)에도 태양이 없기는 마찬가지야.

: 어쨌거나 과학의 시작은 철학이니까.

: 과학, 철학 이런 것들 말고, 내 이야기 좀 들어봐. 달걀액에 넣어도 응고되지 않는 합법적인 식품 첨가제를 만들어 보는 건 어때? 가능할 것 같아?

: 파인애플즙을 포장만 바꿔서 가격을 10배 불려 팔자. 선생님한테 투자해달라고 하자!

: 축하해 주려고 했더니 또 심상치 않은 기운이 느껴지는군!

1) 만약 촉매제가 새로운 반응 경로를 제공하여 반응이 일어났다면, 촉매제가 해당 반응에 참여하고 있는 것일까요?

2) 일부 건강식품은 파인애플 효소를 함유하고 있다는 점을 강조하여 홍보합니다. 관련 광고 자료를 수집한 후, 해당 내용에 대한 여러분의 의견을 말해주세요. 아울러 지지 또는 반대하는 이유도 함께 말해 보세요.

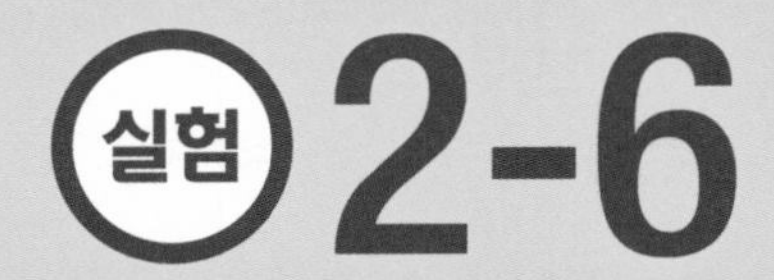

교과 학습 내용

- 생물체가 가지고 있는 에너지 양과 대사
- 생태계의 구성
- 화학 반응의 속도와 균형

당근이 산소를 만든다고? 그건 촉매 작용일 뿐이야

: 다행히 마지막 달걀은 지켜냈어. 냉장고를 한번 볼까? 당근이랑 같이 만들면 되겠다!

: 당근 계란 볶음밥 만들 거야?

: 내 생각에는 당근을 더 재미있는 곳에 쓸 수 있을 것 같은데 말야. 예를 들면….

: 촉매제! 과산화수소수를 분해할 수 있어요!

: 그렇지만 나는 당근 계란 볶음밥이 먹고 싶은데….

: 참아! 과학 공부가 얼마나 중요한데. 당근에 고마워해야 해!

: 편식 경고!

EXPERIMENT

실험 재료 : 당근, 과산화수소수(구급상자에 들어있는 5% 소독용 과산화수소), 적당한 크기의 용기, 랩, 스틱 형태의 향

실험 과정 :

❶ 생당근을 채 썰거나 작은 조각으로 잘라 투명한 컵이나 그릇에 담습니다.

❷ 그다음 당근을 덮을 만큼 과산화수소수를 부어주세요. 당근 표면에서 기포가 생기기 시작했다면 곧바로 랩으로 밀봉하여 기체가 용기 안에 머물도록 해주세요.

❸ 생성된 기체가 많아져서 랩이 약간 부풀어 오르면 불을 붙인 향으로 랩을 뚫어주세요. 향이 용기 안쪽의 기체와 닿게 하되, 액체에는 닿지 않게 합니다. 그리고 불꽃이 어떻게 변하는지 관찰해 보세요.

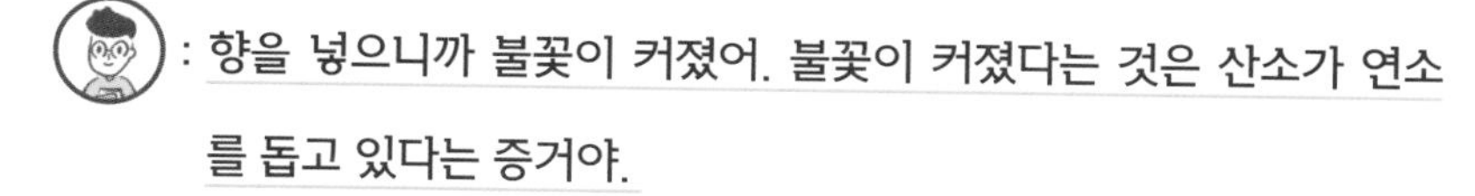

: 향을 넣으니까 불꽃이 커졌어. 불꽃이 커졌다는 것은 산소가 연소를 돕고 있다는 증거야.

: 그럼 연소를 돕는 물질이랑 불에 타는 물질은 무슨 차이가 있는 거야?

: 연소를 돕는 물질은 불꽃을 더 크게 만들어 주는 반면, 불에 타는 물질은 직접 연소하면서 폭발음이 발생한단다.

: 위험해!

: 음…. 기회가 되면 다시 한번 실험해 보자!

과산화수소수는 과산화수소를 포함하고 있으며, 산소와 물을 생성하며 분해됩니다. 화학 반응식은 다음과 같습니다.

과산화수소(aq) → 물(ℓ) + 산소(g)

우리는 이 반응에서 생기는 거품의 성분이 산소라는 것을 알고 있습니다. 향불을 거품에 가까이 대면 연소를 돕는 성질을 가진 산소의 농도가 높아지므로 연소가 더 활발하게 일어나게 됩니다. 향에 붙은 불이 순간적으로 커지는 이유가 바로 이 때문입니다. 앞서 했던 실험을 떠올려보면, 달걀 껍데기와 식초가 반응했을 때 이산화탄소 기체가 발생했습니다. 산소로 인해 향불이 더 활발하게 타올랐다면, 라이터의 불은 이산화탄소에 닿자마자 꺼져버렸습니다. 이처럼 **성분을 모르는 기체가 들어있는 병에 불꽃을 가까이 대어 그 변화를 관찰함으로써 기체의 성분을 파악할 수 있습니다.**

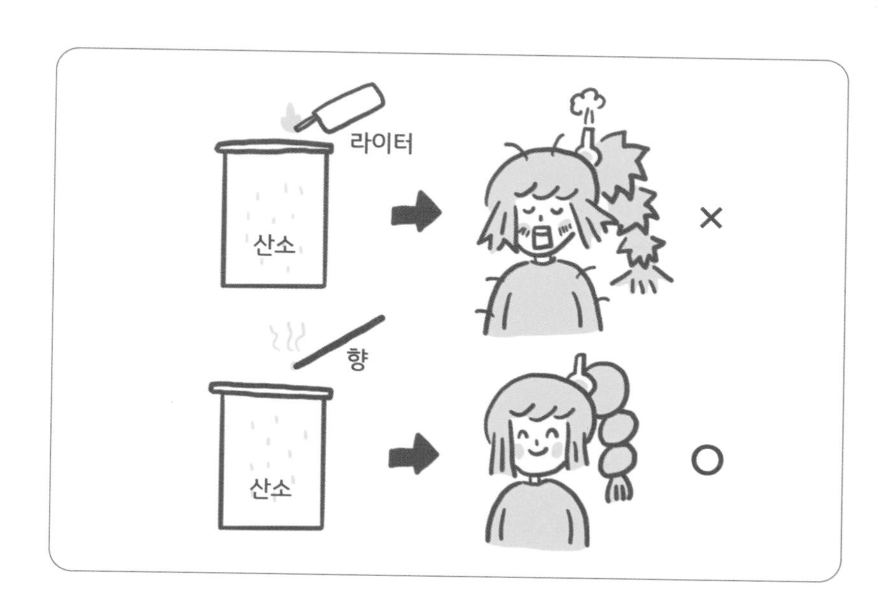

하지만 안전을 위해 위 실험에서는 라이터 대신 향을 사용했습니다. 만약 여러 종류의 기체를 알아보고자 한다면, 우선 기체별 특성을 조사하고 정리한 다음 실험을 통해 기체의 특성을 검증해야 합니다.

 : 여기서 만약 익힌 당근을 사용했다면 아무 효과가 없었을 거야.

 : 습득력이 빠른데! 반응에 영향을 주지 않으려면 익힌 당근은 사용하면 안 돼.

 : 그 말에 동의해 주고 싶지만, 실제로는 촉매제를 넣지 않아도 반응은 일어난단다.

: 어째서요?

: 왜냐하면 촉매제는 반응을 가속하는 역할만 하기 때문이야.

: 그럼 이제 모두들 편식하지 말고 다 같이 당근 먹자!

반응이 쉽게 일어나지 않는 경우 촉매제를 통해 반응을 가속할 수 있습니다. 하지만 **일어날 수 없는 반응은 촉매제를 넣는다고 해도 일어나지 않습니다.** 과산화수소수의 분해는 시간이 지나면 자연스럽게 일어나는 반응입니다. 과산화수소수가 담긴 병을 장시간 놔두면 산소가 생성되어 병이 부풀어 오르게 되고, 병을 열 때 기체가 빠져나가는 소리가 납니다. 그러나 약국에서 파는 고농도(30%) 과산화수소수의 경우 피부에 손상을 입힐 수 있습니다. 따라서 가지고 있는 고농도의 과산화수소수가 들어있는 병이 부풀어 올라 있다면, 병을 열 때 반드시 주의해야 합니다.

반응의 진행을 뜻하는 화살표의 위아래 공간에는 반응물 외의 기타 반응 조건, 예를 들어 사용한 촉매제, 온도, 압력, 산·염기성 등을 표시할 수 있습니다.

$$\text{과산화수소}(aq) \xrightarrow{\text{촉매제}} \text{물}(\ell) + \text{산소}(g)$$

과산화수소의 분해를 촉진하는 효소인 카탈라아제는 당근, 팽이버섯, 감자, 이스트 가루, 돼지 간 등의 여러 식재료에 포함되어 있습니다. 관심이 있다면 관련 자료를 찾아보고, 가정에서 직접 실험해 보세요.

: 촉매제가 없으면 그냥 인내심을 가지고 기다리면 되겠네.

: 그럼 반응이 엄청 느리게 일어나면? 평생을 기다려도 반응이 일어나지 않을 정도로 느리다면?

: 나는 닭고기를 후라이드 치킨으로 변신하게 만들어주는 촉매제가 있었으면 좋겠어!

: 흠… 그럼 일단 후라이드 치킨을 사 올게. 두 사람은 잠깐 기다려줘.

: (설마 선생님이 무무의 소원을 이루어 줄 촉매제인가?)

촉매제의 원리가 간단해 보여도 반응에 필요한 적합한 촉매제를 찾는 과정은 복잡하고 어렵기 때문에 이 자체로도 하나의 전문적인 학문입니다. 예를 들어 **질소**는 생물체의 아미노산과 단백질을 구성하는 중요한 요소이며, 농업에서도 질소화합물은 중요한 비료로 사용됩니다. 지구 대기 중에는 많은 양의 질소가 존재하지만, 이를 실질적으로 활용하지는 못하고 있습니다. 왜냐하면 대기 중의 질소는 매우 안정된 상태로 존재하기 때문에 쉽게 화학 반응이 일어나지 않기 때문입니다. 하지만 또 그렇기에 대기 중에 질소가 가장 많이 존재하는 것입니다. 이처럼 질소는 화학적으로 매우 안정적인 성질을 가지고 있어서 주로 식품 보존에 사용되고 있습니다. 또한 신선도 유지를 위해 포장재에 질소를 충전하는 방식으로도 활용되고 있습니다.

1903년 이전까지는 질소의 활용이 어려웠으나 독일의 과학자 프리츠 하버Fritz Haber와 그의 동료들이 이 문제를 해결했습니다. 그들은 특정 온도와 압력 그리고 철을 촉매로 사용하여 마침내 **질소와 수소가 반응**하게 만들었고, 이 과정에서 **암모니아**가 만들어졌습니다. 이후 암모니아를 기반으로 합성한 다양한 질소 화합물은 농업을 근본적으로 개선하여 농산물 생산량이 대폭 증가하게 되었고, 이는 인구 성장에도 간접적인 영향을 미쳤습니다. 이것이 바로 그 유명한 **하버-보슈법**(암모니아 합성 공법_역주)입니다. 앞서 예시에서처럼 화학 반응에 필요한 적합한 촉매를 찾는 일은 사회에 큰 변화를 가져올 수 있습니다.

하버-보슈법 개발로 암모니아를 대량 생산할 수 있게 되면서 농약의 생산 기술이 개선되었고, 동시에 폭발물 합성 원료를 더 쉽게 얻을 수 있게 되었습니다. 하버 역시 전쟁에 사용되는 화학 공격 무기 연구에 참여했었습니다. 하버는 이 발명으로 1918년 노벨 화학상을 수상

했으나, 오늘날까지도 여전히 논란이 많은 수상자 중 한 명으로 남아 있습니다.

 : 한번 맞춰봐. 가장 아름다운 기체는 무엇일까요?

 : 가장 아름답다고? 독가스를 말하는 거야? 황록색을 띠는 염소 기체 같은 것?

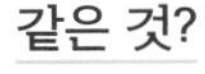

 : 그런 것 말고! 잘 좀 생각해 봐.

 : 혹시 산소가 아닐까?

 : 정답! 산소는 연소를 돕기 때문에 아름다운 기체예요!

 : 대체 인간의 뇌 안에는 뭐가 들어있는 거야?

1) 위 실험을 통해 당근에 과산화수소를 분해할 수 있는 촉매제가 들어있다는 사실을 알게 되었습니다. 그렇다면 어떻게 해야 산소가 더 빨리 생성되게 만들 수 있을까요?

2) '코끼리 치약'이라는 과학 실험이 있는데, 이 실험의 원리도 본문의 실험과 유사합니다. 코끼리 치약의 조합을 참고하되 촉매제 대신 당근, 팽이버섯, 감자, 이스트 가루 등의 재료를 사용하여 가장 효과적으로 반응을 일으키는 조합을 찾아보세요.

과학 칼럼 | 라부아지에의 연소 이론, 화학에 불을 지피다

4원소설은 17세기에 점차 쇠퇴하기 시작했습니다. 가장 먼저 로버트 보일Robert Boyle이 저서 『회의적 화학자The Sceptical Chymist』에서 4원소설을 반박했고, 그 뒤로 수많은 이들이 만질 수는 없지만 볼 수 있는 '불'을 다른 관점에서 탐구하기 시작했습니다. 물질이 왜 타는지, 불이 과연 원소인지, 연소 현상이 어떤 메커니즘으로 발생하는지를 이해하는 과정에서 독일의 과학자 요한 요아임 베허Johann Joachim Becher의 '**플로지스톤설**phlogiston theory'이 매우 중요한 역할을 했습니다.

베허는 보일과 마찬가지로 수많은 화학 실험을 통해 데이터를 분석하고 자신의 가설을 검증했습니다. 그 결과 1669년 베허는 연소 현상에 대한 자신의 해석을 발표했습니다. 그는 가연성 물질 안에 '**플로지스톤**phlogiston'이라고 불리는 성분이 있는데 물질이 탈 때 이 성분이 방출되고, 물질이 타고 남은 것은 플로지스톤이 제거된 순수한 물질이라고 말했습니다. 이 이론을 역으로 생각하면 물질이 타고 난 후 남은 재와 플로지스톤이 결합하면 원래의 물질이 만들어져야 합니다. 이 이론은 당시 알려진 수많은 화학 현상을 완벽하게 설명해 냈기에 매우 빠르게 주류 학설로 자리 잡았습니다.

18세기 프랑스 과학자 앙투안 라부아지에Antoine-Laurent de Lavoisier는 특정 조건에서 연소 실험을 진행했는데, 최종 결과가 플로지스톤설과 모순되는 것을 발견했습니다. 그는 물질이 불에 타는 현상을 설명하기 위해 더 많은 실험을 진행하며 새로운 아이디어를 제시했습니다. 사실 라부아지에의 본업은 과학 연구가 아니라 세무관이었습니다. 그는 퇴근 후 취미로 과학 실험을 했을 뿐 아니라 개인 연구실까지 가지고 있었습니다. 이처럼 라부아지에는 역사상 가장 전문적인 아마추어 과학자였습니다.

라부아지에는 공기 중에서 직접 물질을 태우는 고전적인 방법 대신, 금속을 구부러진 병에 넣고 이를 밀봉한 후 연소시키는 새로운 방법을 시도했습니다. 그 결과 연소 전후로 용기 전체의 총 무게가 변하지 않았음을 발견했습니다. 그리고 그 유명한 **'질**

량 보존의 법칙'을 최초로 발표했습니다. 이 법칙은 **화학 반응이 발생하기 전후로 반응에 참여하는 물질들의 총 질량은 변하지 않는다**는 원리입니다.

그는 연소가 끝난 후 금속을 병에서 꺼내어 무게를 재고 원래의 금속 무게와도 비교를 해봤는데, 연소된 금속의 무게가 더 무거웠습니다. 이 발견은 플로지스톤설에 의문을 제기했습니다. '만약 물질이 연소할 때 플로지스톤을 잃는다면, 왜 금속의 무게가 줄지 않고 늘어난 것일까? 밀폐된 병의 무게는 연소 전후가 같은데 금속의 늘어난 무게는 어디서 온 것일까?' 라부아지에는 공기 중의 어떤 성분이 금속과 결합하여 연소 후 금속의 무게가 증가한 것이라고 생각했습니다. 다시 말해 그는 물질이 연소하면서 플로지스톤을 방출하는 것이 아니라 특정 물질과 결합한다고 주장했습니다.

공기가 한 가지 이상의 기체로 구성되어 있다는 사실이 밝혀지자, 라부아지에는 연소에 참여하는 기체의 성분을 '**산소**oxygen'라고 명명했습니다. 그는 물질의 연소 과정을 물질과 산소의 결합 반응으로 보았으며, 플로지스톤설을 뒤집는 새로운 연소 이론 **'산화설'**을 발표했습니다.

오예~ 퇴근하고 또 연구해야지!

역사상 가장 전문적인 아마추어 과학자

1789년 라부아지에는 『화학 원론Traité élémentaire de chimie』이라는 저서를 발표했습니다. 이 책은 역사상 최초의 화학 교과서로 출판되자마자 열풍을 일으켰습니다. 이 책에서는 원소의 정의를 새롭게 정립하고 33가지 원소를 체계적으로 정리했습니다. 비록 나중에 일부 물질은 원소가 아닌 것으로 밝혀졌지만, 이 책의 중요성과 영향력은 여전히 크게 인정받고 있습니다.

라부아지에의 저서와 그의 연구 성과가 널리 알려지게 된 것은 그의 아내이자 최고의 연구 파트너였던 마리 앤 피에레트 폴즈Marie-Anne Pierrette Paulze의 공이 컸습니다. 그녀는 라부아지에와 함께 실험을 진행했을 뿐 아니라 남편의 연구 결과를 번역하여 해

외에 알리는 데 도움을 주었습니다.

라부아지에는 각국의 여러 학파의 사람들과 연구 성과를 논의하는 과정에서 사람들이 물질에 대한 일관된 용어를 사용하지 않고 있으며, 여전히 체계가 없던 연금술 시대의 명칭을 사용하고 있다는 사실을 발견했습니다. 이로 인해 여러 사람과 연구 내용을 토론할 때 많은 혼란과 어려움이 발생했습니다. 그리하여 그는 **'화학 명명법'**을 발표하고, 과학계에 통일된 명명 체계 도입을 촉구했습니다. 이후 물질들의 명칭이 표준화되어 과학자들 간의 의사소통 및 지식 교류가 더욱 편리해졌습니다.

최고의 연구 파트너이자 번역가 아내

그러다 1794년 프랑스 대혁명이 일어났고 라부아지에는 세무관 신분으로 체포되어 같은 해 5월 단두대에 오르게 되었습니다. 수학자 조제프 라그랑주Joseph Lagrange는 이 사건에 대해 이렇게 말했습니다. "그를 죽이는 것은 한순간이지만, 다시 100년이 지나도 그와 같은 탁월한 인물은 나오기 어려울 것이다." 비록 안타깝게 생을 마감했지만, 라부아지에는 화학을 통해 연금술 시대를 마감한 위대한 업적을 남겨 후세에 '**근대 화학의 아버지**'로 불리게 됩니다.

오늘날 연소는 격렬한 산화 환원 반응, 즉 물질이 산화제(예를 들어 산소)와 결합하여 빛과 열을 동반하는 화학 반응으로 정의됩니다. 불꽃은 눈에 보이는 현상일 뿐 물질이나 원소가 아닙니다. 또한 연소를 유지하거나 멈추게 하는 것은 연소의 세 가지 필수 요소(연료, 산화제, 발화점)에 의해 이뤄집니다. 오늘날의 시각에서 보면 플로지스톤설이 다소 유치하고 우스꽝스럽게 들리겠지만, 현재 우리가 믿고 있는 이론들도 수백 년 후 새로운 발견으로 뒤집힐 수 있으며, 후세가 어떻게 평가할지는 아무도 모를 일입니다.

제3단원

식탐 때문이 아니라 실험에 필요하기 때문이에요

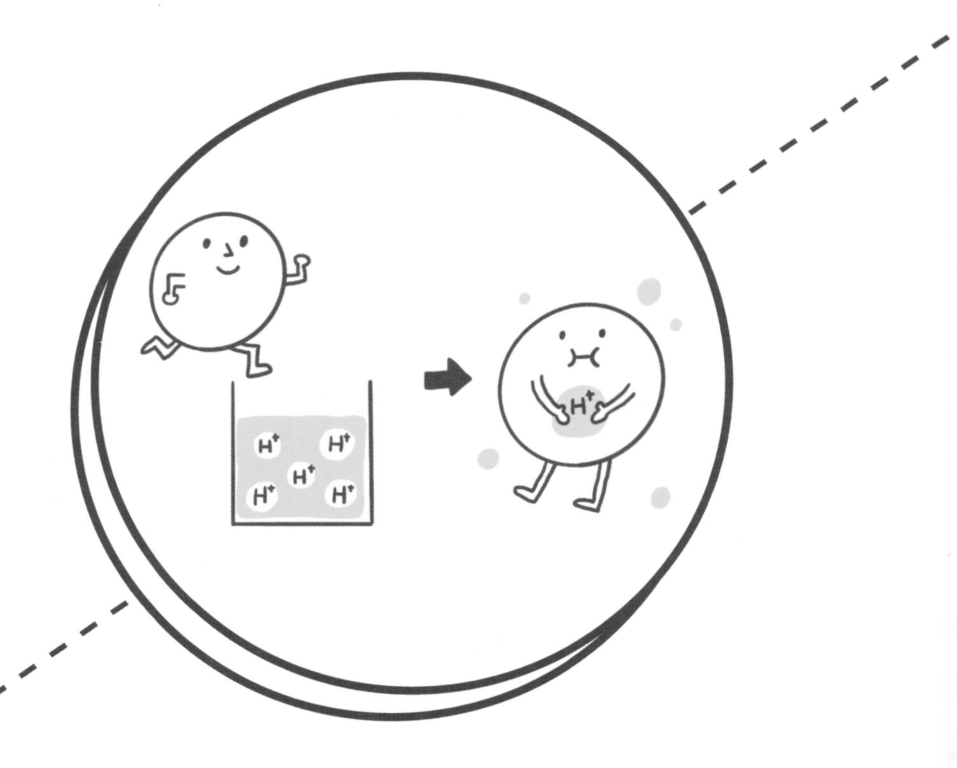

ACID+BASE

화학 실험 때 음식을 가지고 놀기만 한다고 생각하면 오산! 화학 실험을 통해 맛있는 음식도 만들 수 있어요. 곧 다가오는 축제, 예나와 성진이 드디어 솜씨를 발휘하게 될까요?

이번 단원에서는 화산 실험을 시작으로 산과 염기에 의한 색 변화 반응을 알아보고 재미있는 음식도 만들어 볼 예정입니다. 달고나, 그라데이션 음료수, 색이 변하는 케이크까지!

START

3-1

교과 학습 내용

- 물질의 형태와 성질 그리고 분류
- 물질의 반응 규칙
- 수용액 안에서 일어나는 변화
- 화학 반응의 속도와 균형

단순히 거품만 나는 것으로는 부족해! 멋진 화산 만들기

: 무무 덕분에 당근 계란 볶음밥을 먹을 수 있게 됐어!

: 나는 당근을 싫어하는데 무무가 지켜보고 있어서 겨우 먹었네. 어서 접시에 남아 있는 당근 냄새를 씻어내야지.

: 볶음밥을 만들 때 기름을 쓰니까 주방 세제를 써야 해.

: 주방 세제? 지금 이 순간에 주방 세제를 꺼내다니. 설마… 베이킹소다 화산을 만들라는 하늘의 계시인 건가!

EXPERIMENT

실험 재료 : 베이킹소다 가루, 식초, 주방 세제, 물감, 종이컵, 종이, 테이프, 짙은 색 점토

실험 과정 :

❶ 종이를 구겨서 뭉친 다음, 종이컵 주위에 쌓은 뒤 테이프로 붙여 주세요.

❷ 종이컵 주위에 점토를 붙이면서 화산 모양을 만듭니다.

❸ 베이킹소다 한 스푼과 물 반 컵을 섞은 뒤 물감 몇 방울을 떨어뜨려 색을 조절해 주세요. 그다음 약간의 주방 세제를 넣어 용액의 농도를 걸쭉하게 만듭니다. 그 외 별도로 식초 반 컵을 준비해 주세요.

❹ 베이킹소다 용액을 화산 모양의 종이컵에 부어 준 다음, 식초 용액을 추가로 부어주세요. 두 용액이 섞인 후 얼마 지나지 않아 화산이 분출하는 것을 관찰할 수 있습니다.

 : 알겠다! 저 두 용액을 섞으면 이산화탄소가 생겨! 좀 전에 향으로 실험해 봤잖아.

 : 향으로 하는 실험은 안심이 돼!

 : 베이킹소다와 달걀 껍데기 이 두 물질은 왜 식초와 섞였을 때 이산화탄소를 만들어 내는 걸까?

 : 이산화탄소의 화학식은 CO_2라고 써. 두 물질의 화학식을 적어보면 공통점을 발견할 수 있을 거야!

베이킹소다의 화학명은 탄산수소 나트륨($NaHCO_3$)입니다. 달걀 껍데기나 대리석의 주요 성분인 탄산칼슘($CaCO_3$)과는 이름뿐 아니라 화학식도 비슷합니다. 베이킹소다에 식초를 넣었을 때 이산화탄소 기체가 발생하는 이유가 바로 여기에 있습니다.

각종 **탄산 ○○, 탄산 수소 ○○**라고 불리는 화합물로도 위 화산 실험과 비슷한 반응을 만들어 낼 수 있습니다. 예를 들어 음식을 만들 때 종종 들어가는 식품 첨가제, 흔히 소다라고 불리는 '탄산나트륨'도 화산 실험의 재료로 사용할 수 있습니다. 식초 역시 청소할 때 사용하는 구연산 가루를 물에 녹인 용액으로 대신할 수 있습니다.

: **그럼 달걀 껍데기로도 화산을 만들 수 있겠네?**

: **달걀 껍데기를 가루로 갈아야 반응이 더 빨라질 거야! (해 보고 싶어서 안달)**

: **가루로 만드는 것도 맞는데, 수용액 상태로 만드는 것이 더 중요해!**

: **무무 말이 맞아. 왜냐하면 이 실험의 반응 속도는 물질의 상태와 관련이 있기 때문이야.**

달걀 껍데기와 식초(산)의 반응은 화산 효과를 만들어 내는 실험의 기본 원리와 유사하지만, 달걀 껍데기를 아무리 잘게 부숴도 이것만으로는 화산 폭발 효과를 재현하기 어렵습니다. 몇 가지 이유가 있는데 그중 달걀 껍데기와 베이킹소다수의 물리적 **상태 차이**가 반응 속도에 큰 영향을 미칩니다. 달걀 껍데기는 **고체**이고 베이킹소다수는 **수용액**입니다. 물이나 다른 용매에 용해된 화학 물질은 용매를 매개체로 더 균일하게 분산되어 다른 물질과의 혼합이 쉬워지고, 반응물 간의 충돌도 더 자주 일어나게 됩니다.

물은 물질을 분산시킵니다. 물에 의한 물질의 분산은 두 가지 형태로 나타납니다. 하나는 단순히 분자들이 균일하게 분포되는 것으로, 설탕이 물에 녹는 경우가 그러합니다. 다른 하나는 물에 용해되면서 분자가 이온으로 변하는 것입니다. 예를 들어 소금, 베이킹소다는 물에 녹으면서 이온 형태로 변합니다. 이처럼 물질이 물속에서 이온 상태가 되면 화학 반응을 일으킬 수 있습니다. 따라서 가루 형태의 베이킹소다와 구연산을 섞기만 해서는 기체가 생성되지 않습니다.

 : 물이 이렇게 대단한 물질이었다니!

 : 말을 계속하니까 목이 마르네.

 : (물을 마시며) 말이 나온 김에 촉매제 상태에 대해서도 이야기해 보자.

이전 단원에서 우리는 촉매제에 대해 배웠습니다. 그런데 촉매제도 상태에 따라 효과가 달라질 수 있습니다. 예를 들어 굳지 않은 젤라틴에 파인애플 조각을 넣는 것과 파인애플즙을 넣어 섞은 것 중 후자가 젤라틴이 굳는 과정을 더 강력하게 방해합니다. 기회가 된다면 두 개 이상의 용액을 섞어 반응을 일으키는 실험을 할 때, 촉매제의 형태를 바꿔가며 실험해 보세요. 그리고 촉매제의 상태에 따라 반응 속도가 어떻게 달라지는지 관찰해 보세요.

반응물과 같은 상태의 촉매제, 반응물과 상태가 다른 촉매제 모두 각각의 장점과 특징이 있습니다. 예를 들어 수소 기체를 사용하는 어떤 반응에서는 고체 형태의 금속 백금을 촉매제로 사용합니다. 왜냐하면 백금이 수소 기체를 흡착하여 반응이 더 빠르게 진행되기 때문입니다. 따라서 촉매제의 상태가 반응물과 같냐 다르냐 만으로는 어느 것이 반응에 절대적으로 유리하다고 말할 수 없습니다. 모든 실험은 객관적인 태도로 분석하고 시도해 보며 가장 적합한 방법을 선택해야 합니다.

 : 이 정도의 화산 효과라면 너무 훌륭한데? 축제 때 전시해 놓을까?

 : 차라리 이 고체 발포 세정제를 사용하는 건 어떨까? 원리는 비슷한 걸로 기억하는데….

 : 만드는 비용도 엄청 저렴해.

 : 맞아. 그게 핵심이야!

 : 수상한 냄새 감지!

1) 시중에서 판매하는 발포정, 샤워밤, 발포 세정제 등 물에 넣으면 거품이 나는 제품들의 성분을 분석해 보고, 기체를 만들어 내는 물질이 어떤 것인지 찾아보세요.

2) 위 실험과 동일한 원리를 활용하되, 분출 효과를 만들 수 있는 다른 물체(예를 들면 병뚜껑)를 사용해서 특색있는 창작품을 만들어 보세요.

교과 학습 내용

- 물질의 형태와 성질 그리고 분류
- 온도와 열량
- 물질의 반응 규칙

베이킹소다가 설탕과 만나면 1 : 달고나 만들기

 : 축제 때 발포 세정제를 만들어서 화산 분출 실험을 해 보자.

 : 별로 재미없을 것 같아.

 : 왜 그렇게 생각하는데? 실험하면 재밌지 않아?

 : 축제에는 먹을 게 있어야지! 아니면 소다 크래커(베이킹소다를 넣어 구운 크래커_역주)를 상품으로 내놓는 건 어때?

 : 소다 크래커를 만들 필요 없이 베이킹소다만 있으면 돼. 이번에는 설탕을 사용하자.

  : 드디어 무언가를 먹게 되나 봐. 오예!

 : 청소용 베이킹소다가 아니라 식품용 베이킹소다를 사용해야 한다는 점 잊지 마!

EXPERIMENT

실험 재료 : 황설탕, 베이킹소다 가루(식품용), 금속 국자(직접 가열이 가능한 것), 젓가락

실험 과정 :

❶ 젓가락 끝에 물을 조금 묻힌 후 베이킹소다를 찍어 준비합니다.

❷ 설탕 두 수저를 국자에 덜어놓고 여기에 약간의 물을 떨어뜨려 촉촉하게 만들어 주세요. 그다음 가스 불 위에서 가열합니다.

❸ 설탕을 가열하는 동시에 저어주세요. 설탕 색이 점차 황갈색으로 변하면서 완전히 녹습니다. 수분이 줄어들어 설탕 시럽이 걸쭉해질 때까지 계속 가열하다가 거품이 크게 생기면 불을 꺼주세요.

❹ 베이킹소다가 묻은 젓가락을 설탕 시럽에 찔러 최소 10초 동안 빠르게 저어주세요. 이때 설탕이 부풀어 오르는 모습을 볼 수 있습니다. 맛을 보기 전 설탕의 온도가 낮아질 때까지 기다려야 한다는 점 주의하세요.

❺ 설탕 외에도 흑설탕이나 매실 가루를 넣어 향을 낼 수도 있습니다.

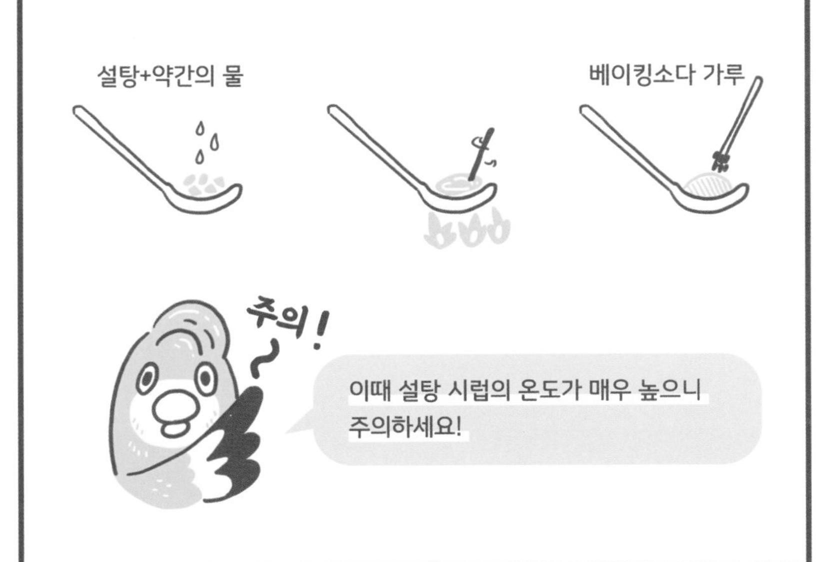

: 달고나 만들기에 성공할 때도 있고 실패할 때도 있는데 그 이유가 뭘까?

: 설탕 시럽에 거품이 생기는 그 상태가 관건이야. 그런데 무엇이 그 상태에 영향을 주는 걸까?

: 아하, 그럼 온도랑 관련이 있는 건가?

: 맞아, 온도와 관련이 있어. 기포가 생겼을 때 대략적인 온도를 가늠할 수 있어. 그리고 탄산칼슘도 열에 의해 분해된단다.

앞서 언급한 탄산칼슘과 탄산수소 나트륨(베이킹소다) 모두 **산과 만나면 이산화탄소가 생성**되는 특성이 있습니다. 하지만 이 두 물질 모두 **열이 가해져 물질이 분해될 때 이산화탄소를 배출**한다는 공통점이 하나 더 있습니다. 베이킹소다는 50~60℃의 온도로 가열하면 분해되어 이산화탄소를 방출합니다. 반면 탄산칼슘은 800℃ 이상의 고온에서만 분해되기 때문에, 일반적인 환경에서는 탄산칼슘이 분해되어 이산화탄소를 배출하는 현상을 관찰하기가 어렵습니다. 돌이 가열되어 분해되는 현상을 일반적으로는 보기 힘든 것과 같은 이유입니다.

하지만 탄산칼슘을 고온에서 가열하여 분해하는 과정은 산업 분야에서 매우 중요한 공정입니다. 이 과정에서 만들어지는 생성물 중 하나가 바로 산화칼슘, 즉 **석회**입니다. 석회는 건축용 내화 재료와 건조제로 사용되며, 칼슘카바이드(탄화칼슘)를 만드는 데도 쓰입니다. 이뿐만 아니라 석회는 아세틸렌 생산에도 쓰이는데, 아세틸렌은 유기화학 실험에서 다양한 화합물을 합성하는 데 필요한 핵심 원료입니다. 그러니 이제부터 조개껍데기나 달걀 껍데기, 돌멩이를 하찮게 보지 맙시다!

: 다행히 돌은 고온에 강해서 돌판 요리를 해먹을 수 있어. 아, 먹고 싶다!

: 그보다도 나는 분해 후 생성되는 기체가 이산화탄소라서 다행이라고 생각해. 만약 산소였다면 불이 붙을 수도 있잖아.

: 모두의 안전 지킴이가 바로 너로구나?

달고나 실험은 베이킹소다가 열에 의해 기체를 생성하는 원리를 이용합니다. 설탕 시럽에 베이킹소다를 넣고 저으면, 시럽의 온도가 서서히 올라가면서 베이킹소다가 분해됩니다. 이 과정에서 캐러멜화된 설탕 시럽이 거품을 일으키며 부풀어 오릅니다. 부풀어 오른 설탕 시럽은 더 많은 공기와 접촉하게 되면서 빠르게 식어 다시 고체 상태인 설탕 덩어리로 굳어집니다. 달고나는 간단하고 값싼 재료로 만들 수 있는 옛날 간식으로, 만드는 사람의 경험과 기술에 따라 부풀어 오르는 정도나 식감을 달리 만들 수 있습니다.

베이킹소다는 열을 가했을 때 불연성 기체(불이 붙지 않는 기체_역주)를 생성하는 물질 중 하나로, 이런 특성 때문에 **소화기 충전물**로도 사용됩니다. 하지만 베이킹소다가 충전된 소화기는 일부 화재에만 효과적인 것이지 모든 화재에 적합한 것은 아닙니다. 실제로 소화기마다 용도가 다르고, 그에 따라 다양한 종류의 충전물이 사용됩니다. 다시 말해 건식 소화기라고 해서 모두 베이킹소다로 채워져 있는 것이 아닙니다. 또한 모든 화재가 이산화탄소로 진압될 수 있는 것도 아닙니다. 따라서 현장 상황에 맞는 적절한 소화 방법을 선택하는 것이 중요합니다.

: **달고나가 바삭한 설탕 과자라면, 솜사탕은?**

: **사람의 마음을 녹이는 폭신한 설탕 과자지. 직접 만들어 보고 싶어!**

: **회전력을 이용하면 솜사탕 기계와 비슷하게 만들어 볼 수 있단다.**

: **축제 때 솜사탕을 팔아볼까?**

반원형 차 거름망을 회전하기 쉬운 곳에 매달고, 설탕 시럽이 너무 많이 새지 않도록 거름망 바닥 부분을 알루미늄 포일로 감싸주세요.

단, 설탕 시럽이 빠져나갈 구멍도 필요하므로 옆면은 포일로 감싸지 않고 그대로 둡니다. 준비가 끝나면 이 장치를 큰 냄비 위에 배치해 주세요. 거름망이 회전할 때 설탕 시럽이 냄비 내부 주변으로 튀어나오게 됩니다. 이 과정에서 시럽의 온도가 떨어지며 가느다란 설탕실이 만들어집니다.

얼음 설탕과 물을 3:1 무게 비율로 섞은 후 약한 불에서 가열해 주세요. 설탕 시럽이 끓으면 시럽의 농도가 더 진해질 때까지 계속 가열해 주세요. 그러다 설탕 시럽의 색이 연한 황색으로 변하고, 젓가락에 시럽을 묻혔을 때 가느다란 실이 뽑힐 정도가 되면 설탕 시럽 준비가 끝납니다. 설탕 시럽을 만드는 동안에는 시럽을 저어줄 필요가 거의 없습니다.

이어서 설탕 시럽을 조금씩 여러 번에 걸쳐 차 거름망 중앙에 부어 주세요. 그리고 설탕 시럽이 액체 상태일 때 거름망 구멍을 통해 냄비 안쪽 주변으로 튕겨 나가도록 거름망을 빠르게 회전시켜 주세요. 이 때 설탕 시럽이 식으면서 설탕실이 만들어집니다. 이렇게 만들어진 설탕실을 모아 커다란 뭉치를 만들면 솜사탕이 완성됩니다.

(※주의: 차 거름망을 회전시키는 과정에서 설탕 시럽이 새거나 혹은 냄비 안에서 굳을 수도 있으니, 처음부터 설탕 시럽을 넉넉히 만들어 두세요.)

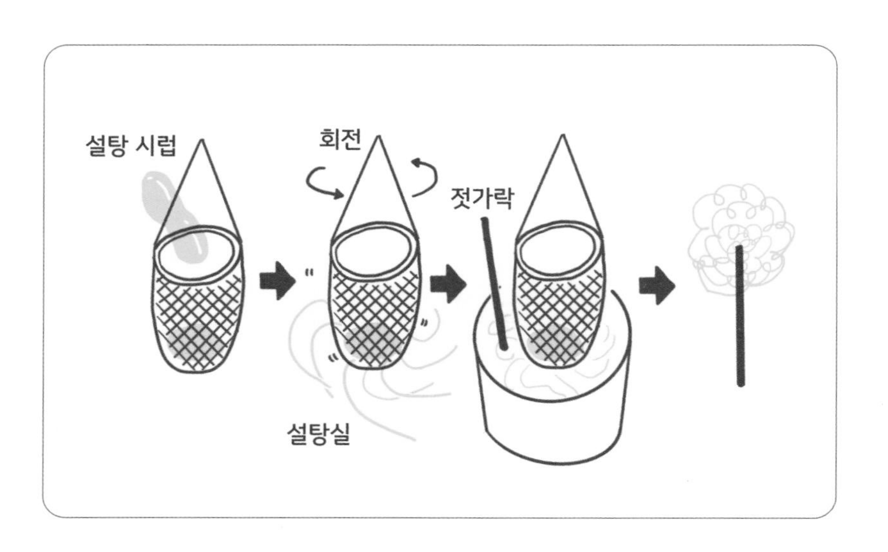

: 밖에서 파는 솜사탕만큼 폭신하지는 않지만, 그래도 노동의 결실이니….

: 너무 달콤해. 냄비 바닥에 떨어져 있는 시럽 덩어리도 너무 맛있어!

: 오! 아무 과일이나 가져와서 냄비 바닥에 묻어 있는 시럽을 찍어 말려보면 어떨까? 과일 표면에 설탕 코팅이 생겨서 분명 맛있을 거야. 이거 진짜 잘 팔리겠는데?

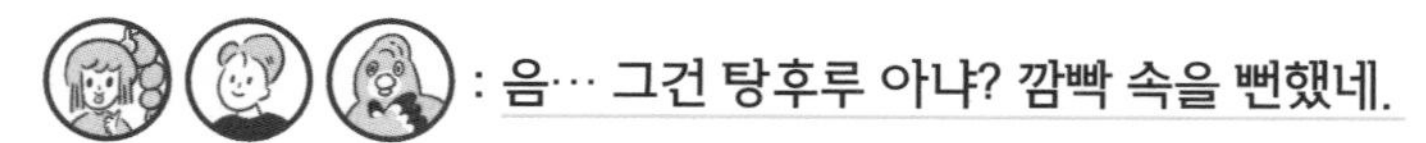

: 음… 그건 탕후루 아냐? 깜빡 속을 뻔했네.

1) 화학 교과서를 참고하여 다음 물질이 무엇인지 찾아보세요. 이 물질에 불이 붙었을 때 베이킹소다로 불을 끄려고 하면 오히려 불길이 더 세질 수 있습니다.

2) 달고나 만들기와 솜사탕 만들기의 성공 여부는 설탕 시럽의 상태와 관련이 있습니다. 달고나 또는 솜사탕을 만드는 과정에서 설탕 시럽의 변화, 예를 들어 기포의 크기, 색깔, 온도 등을 자세히 살펴보고, 관찰한 내용을 말해 보세요.

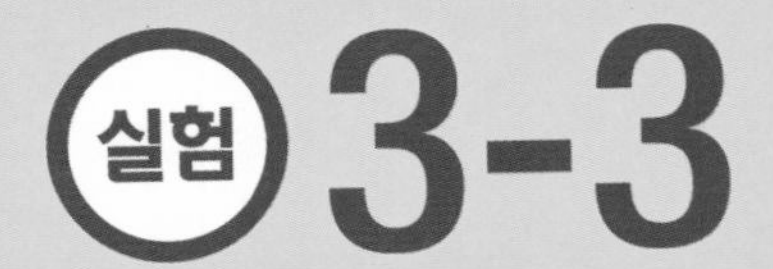

교과 학습 내용

- 온도와 열량
- 물질의 반응 규칙
- 유기 화합물의 성질과 반응

베이킹소다가 설탕과 만나면 2 : 검은 뱀 만들기

 : 차라리 우리 베이킹소다를 왕창 넣어서 거대한 달고나를 만들자.

 : 하지만 팽창하다가 온도가 낮아지면 베이킹소다가 분해되지 않아.

 : 그럼 온도를 계속 높은 상태로 유지해야 하는 거야? 그럼 반고체 알코올을 사용할까?

 : 이번에는 반고체 알코올을 사용하는 게 좋겠다. 빨리 서두르자! 아 참, 이번 실험에서 만드는 건 먹을 수 없어.

 : 못 먹는다고요?

 : 거부하겠어요!

 : 동방왕! 이렇게 나온다 이거지? 나도 네 편 안 들어줄 테야!

EXPERIMENT

실험 재료 : 베이킹소다 가루, 백설탕, 알코올(75%), 모래, 라이터, 내열 용기(금속 그릇 또는 자기 그릇), 적당한 크기의 용기와 섞는 도구, 젖은 수건(불 끄기 용도)

실험 과정 :

❶ 내열 용기의 80%가 차도록 모래를 가득 부어줍니다. 그리고 모래 중앙에 움푹 파인 홈을 만들어 주세요.

❷ 베이킹소다 2g과 흰 설탕 8g을 고루 섞어 주세요. 그리고 약간의 알코올을 뿌려 촉촉하게 만들어 준 다음 원기둥 또는 원뿔형으로 뭉쳐주세요.

❸ 홈이 파인 곳과 그 주변에 알코올 20ml를 부어주세요. 그리고 모양을 잡은 원뿔 덩어리를 모래 홈에 넣고 그 위에 약간의 알코올을 뿌려주세요.

❹ 원뿔 가장자리의 모래에 불을 붙여 주세요. 그다음 주변 가루가 모두 타오르는지 확인한 후, 불길 속에서 검은 뱀이 나타나기를 기다립니다.

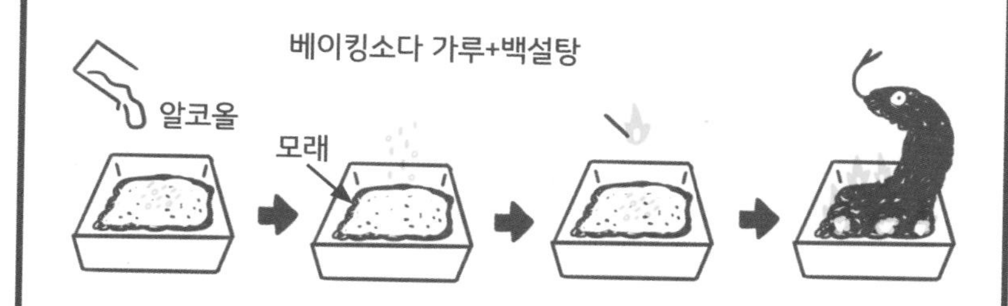

실험이 끝난 후에는 젖은 수건으로 덮어 불씨가 완전히 꺼졌는지 확인해야 합니다. 검은 뱀이 만들어질 때 온도는 이미 많이 낮아진 상태지만, 결과물을 만질 때는 여전히 주의가 필요합니다!

 : **빨리 확인해 보자. 검은 뱀을 찢어보니 속이 스펀지처럼 생겼어!**

 : **달고나와 비슷해 보이는데 훨씬 더 가벼워. 이유가 뭘까?**

 : **이 또한 실험 과정에서 생성되는 기체와 관련이 있어.**

검은 뱀의 절단면은 스펀지케이크처럼 구멍이 듬성듬성 나 있습니다. 이 구멍들은 가열 과정에서 생성된 **이산화탄소 기체**에 의해 만들어진 것입니다. 우리는 이전 실험에서 베이킹소다가 열에 의해 분해된다는 사실을 알았습니다. 또한 설탕의 주성분인 자당sucrose은 가열되어 녹을 때 캐러멜 향이 나고, 계속 온도를 높여주면 분해되어 이산화탄소 기체를 생성합니다. 다시 말해, 충분한 양의 알코올로 가열하여 연소 상태를 유지하면 베이킹소다와 설탕 모두 고온 상태를 유지하며 **분해 반응이 지속적으로 일어나**게 됩니다.

검은 뱀과 달고나가 만들어지는 원리는 비슷하며, 둘 다 만드는 과정에서 달콤한 향이 납니다. 한편 자당의 경우 분해가 일어나면서 이산화탄소, 물, 탄소가 생성됩니다. 그리고 이 탄소는 기체(이산화탄소)와 함께 팽창하여 검은 뱀의 몸통을 형성합니다. 따라서 여기에 사용된 설탕은 이미 탄소로 변했기 때문에 절대 먹어서는 안 됩니다.

 : **더 굵고 긴 검은 뱀도 만들 수 있지 않을까?**

 : 네가 무슨 말을 하려는지는 알겠는데, 어쩐지 질문이 좀 이상한데….

 : 좋아. 그럼 순수한 마음을 가진 네가 말해 봐.

 : 반응물의 양과 성형 방법이 결과물의 외형에 영향을 미치니까….

 : 내가 졌어. 역시 모범생은 달라.

이 실험에서 베이킹소다와 백설탕의 비율은 실험 결과에 큰 영향을 미칩니다. 베이킹소다와 백설탕의 총량, 성형 모양, 알코올 양과 연소 과정에서의 차이(예: 균일하게 타오르는지) 등에 따라 생성물의 외형, 총 길이, 총 무게, 내부 기공의 크기 등이 달라질 수 있습니다. 또한 결과물의 차이점을 직접 관찰할 수 있으니 가정에서도 도전해 보세요!

흥미로운 실험을 마친 후, 더 많은 실험 아이디어가 떠오르나요? 이번에는 **전체 길이, 절단면의 직경, 둘레, 구멍의 직경, 무게, 밀도** 등 보다 정확한 방법으로 실험 내용을 묘사해 보세요.

 : 설탕을 태우면 탄소가 된다니, 너무 의외인데?

 : 당연한 거 아냐? 당류가 탄수화물이잖아.

 : 당류가 그 뜻이었어?

 : 일상에서 부르는 명칭을 유심히 잘 살펴보면 알 수 있어.

식품 영양 표시에서 자주 보이는 '**탄수화물**'이라는 용어는 사실 **당류**를 의미합니다. 당류는 탄소, 수소, 산소로 이루어져 있습니다. 그런데 대부분 당류의 수소 및 산소의 비율이 물과 같아서 탄수화물이라는 별칭이 생긴 것입니다. 실제로 각설탕에 약간의 농축 황산을 떨어뜨리면 탈수 반응이 일어나며, 이와 함께 탄소 원소를 관찰할 수 있습니다.

: **농축 황산은 아주 위험하니 보호 장비를 잘 착용하고 다뤄야 해요!**

하지만 모든 당류의 수소와 산소의 비율이 물과 정확히 같은 것은 아닙니다. 가령 람노오스rhamnose는 예외입니다. 게다가 수소와 산소의 비율이 물과 같다고 해도 실제로 당류 분자에 물이 포함되어 있지는 않습니다. 대신 당류는 하나 이상의 '**하이드록실기(-OH)**'를 가지고 있습니다. 일반적으로 '무슨 무슨 알코올'이라고 불리는 화합물에 '**하이드록실기(-OH)**'가 포함되어 있습니다. 분자 안에 하이드록실기가 한 개만 있으면 단맛이 전혀 나지 않는데, 여러 개의 하이드록실기가 있으면 단맛이 나게 됩니다. 예를 들어 포도당은 다섯 개의 하이드록실기를 가지고 있습니다. 학명이 펜타놀인 자일리톨과 헥사올인 솔비톨은 각각 다섯 개, 여섯 개의 하이드록실기를 가지고 있는데, 둘 다 무설탕 껌에 주로 첨가되는 **감미료**로 사용됩니다.

 : 언젠가 로션을 바르다가 실수로 핥은 적이 있는데 달콤한 맛이 나더라고. 혹시 그것도 알코올의 한 종류일까?

 : 설마 지난번에 내가 쪽쪽 빨았던 사람의 손에서 나던 달콤한 맛도?

 : 그건 아마 글리세린일 거야. 학명은 프로판트리올이야.

 : 그럼 왜 그 달콤한 맛이 나는 걸 손에 바르는 거야?

 : 보습을 위해서지. 알코올류만의 독특한 성질이기도 해.

 : 저 알아요. 그 성질이라는 것이 바로 친수성이에요.

1) 내 마음대로 가루의 비율을 바꿔보고, 가루들을 뭉쳐 여러 가지 형태로 성형하여 나만의 멋진 검은 뱀을 만들어 보세요.

2) 수많은 감미료는 당류가 아닌 알코올류에 속합니다. 그리고 음식에 첨가했을 때 열량이 크게 줄어들어 체중 감량을 하려는 사람들에게 인기가 많습니다. 하지만 이러한 물질이 인체 대사에 어떤 부담을 주는지에 대해서는 아직 이렇다 할 의견이 없습니다. 감미료 중 아무거나 하나를 선택해 관련 자료를 찾아보고, 해당 식품 첨가물에 대한 긍정 또는 부정적인 의견을 제시해 주세요.

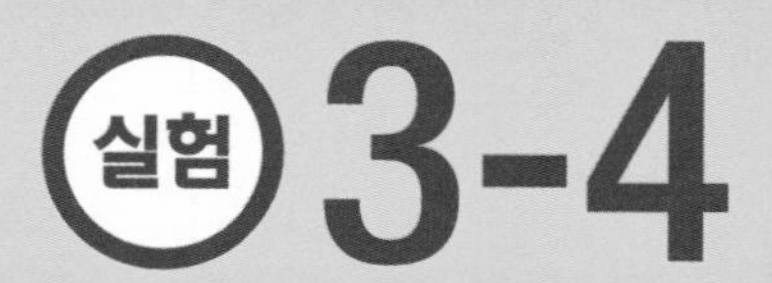

교과 학습 내용

- 물질의 분리와 검증
- 물질의 반응 규칙
- 산·염기 반응

산·염기 반응을 이용한 이색 케이크 만들기

: 검은 뱀을 살짝 도려내서 케이크 모형으로 써도 되겠어.

: 차라리 우리 가짜 케이크를 몇 개 만들어서 전시하는 건 어때 ?

: 삐삐삐. 잡았다. 거짓 광고!

: 케이크가 먹고 싶었으면 진작 말하지. 간단해. 케이크 믹스 가루를 써서 편하게 만들어 보자.

: 선생님, 그래서 이번에 무엇을 만들 생각이세요? 빨리 말씀해 주세요.

: 나는 포도 주스를 첨가할래!

EXPERIMENT

실험 재료 : 케이크 믹스 또는 와플 믹스, 포도 주스, 케이크 틀, 오븐, 신선한 레몬

실험 과정 :

❶ 케이크 믹스 포장 뒷면에 적혀있는 레시피에 따라 케이크 반죽을 준비합니다. 반죽에 넣을 액체는 포도 주스로 대체해 주세요. 반죽을 섞으면서 색의 변화를 관찰해 보세요.

❷ 반죽을 오븐에 넣고 구운 뒤, 케이크를 잘라서 접시에 담습니다.

❸ 케이크를 가로로 자른 면에 레몬즙을 뿌려준 뒤, 케이크의 색 변화를 관찰해 보세요.

❹ 만약 남은 반죽이 있다면 굽기 전에 약간의 레몬즙을 넣고 젓가락으로 살짝 저으며 반죽 표면에 그림을 그려보세요. 이 상태에서 구우면 독특한 그림이 그려진 이색 케이크가 만들어집니다. 만일 포도 주스를 넣지 않은 기본 반죽까지 더하면 삼색 케이크도 만들 수 있습니다.

: 저 이색 케이크 정말 잘 팔릴 것 같아. 그래, 결정했어. 축제 때 이색 케이크를 팔겠어!

: 가만 보자. 반죽은 짙은 녹색인데 레몬즙을 떨어뜨렸을 때 분홍색으로 변한다면…. 아! 산·염기 반응으로 색이 변한 건가?

 : **맞아! 케이크 가루 성분 중에 낯익은 이름이 있는지 한번 살펴보자.**

  : **탄산수소 나트륨이랑… 베이킹소다, 또 너야?**

산·염기 반응에 의한 색깔 변화 실험에서 가장 흔히 사용되는 지시약은 **자색 양배추즙**입니다. 자색 양배추즙을 비롯해 접두화(나비완두콩 꽃), 포도 주스 모두 **안토시안**antocyan이라는 성분을 함유하고 있어서, 산·염기 농도에 따라 색이 달라지는 현상을 볼 수 있습니다. 이 실험에서는 맛을 생각하여 포도 주스를 사용했습니다. 포도 주스의 경우 자색 양배추즙 및 접두화에 비해 색의 변화가 많지는 않지만 그래도 비교적 뚜렷한 색 변화를 관찰할 수 있습니다.

일반적으로 반죽에 물이나 우유를 추가하면 연한 노란색을 띱니다. 하지만 시중에 판매하는 케이크 가루에는 염기성을 띠는 베이킹소다가 포함되어 있어서 포도 주스를 추가하면 색이 변합니다. 따라서 반죽을 잘 섞고 나면 반죽의 색은 짙은 녹색을 띠게 됩니다. 반죽을 구운 뒤 짙은 녹색 케이크에 산성 물질인 레몬즙을 떨어뜨리면 케이크가 분홍색으로 변하는 것을 볼 수 있습니다.

 : **와! 그러면 포도 주스 대신 양배추즙을 넣어서 케이크를 만들어도 되는 거야?**

: 당연하지. 왜냐하면 포도 주스와 양배추즙 안에는 모두 안토시안이 들어있기 때문이야.

: 안토시안은 왜 색의 변화를 일으키는 걸까?

: 그건 말하자면 좀 길어.

아주 옛날, 사람들은 산성과 염기성을 오감으로 표현했습니다. 당시 사람들은 산성은 신맛이 나고, 염기성은 쓴맛이 나고 만질 때 미끄러운 느낌이 든다고 구분하여 정의했습니다. 그러나 현대에서는 주로 아레니우스의 '이온 해리 이론'으로 산성과 염기성을 정의합니다. 아레니우스의 산·염기 정의는 다음과 같습니다.

산성은 물속에서 수소 이온(H^+)을 생성할 수 있는 물질이고, 염기는 수산화 이온(OH^-)을 생성할 수 있는 물질입니다.

우리는 이 두 종류 이온의 개수로 산성과 염기성을 구분할 수 있습니다. 용액 속에 H^+(수소 이온)이 OH^-(수산화 이온)보다 많을 때는 **산성 용액**이라고 부르고, 수산화 이온이 더 많을 때는 **염기성 용액**이라고 부릅니다. 만약 수소 이온과 수산화 이온의 양이 같다면 **중성 용액**이라고 부릅니다. 하지만 우리 눈으로는 이온을 볼 수 없기 때문에 포도 주스나 양배추즙에 들어있는 안토시안을 사용하는 것입니다. 이 안토시안은 산성 또는 염기성 환경에서 구조가 변하는 동시에 색이 달라지는 성질이 있습니다. 이러한 특성 때문에 안토시안은 산성과 염기성을 구분하는 지시약으로 사용됩니다. 산성 용액(H^+을 포함)을 예로 들어 산·염기 반응 개념을 그림으로 간단하게 설명해 보겠습니다.

색의 변화는 화학 반응이 일어날 때 관찰할 수 있는 현상 중 하나입니다. 따라서 엄밀히 말하자면 색이 변한 이후에는 더 이상 원래의 안토시안의 분자 구조가 아니게 됩니다. 이러한 성질은 안토시안뿐만 아니라 다른 많은 물질에서도 나타납니다. 각각의 물질은 각기 다른 산성도 및 염기성도에서 색이 변하는데, 이를 **지시약의 변색 범위**라고 부릅니다.

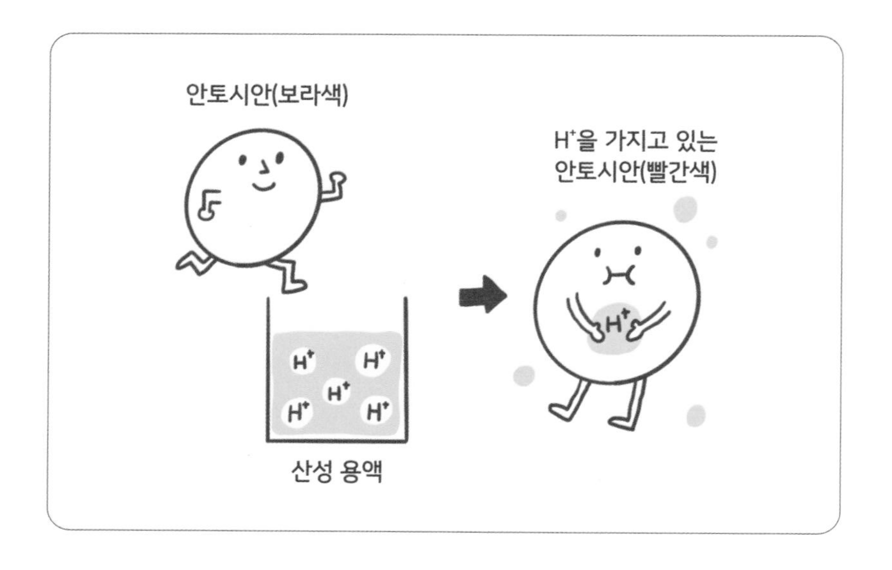

어떤 지시약(예를 들어 페놀프탈레인, 리트머스)은 두 가지 색만 나타내며, 또 어떤 지시약(예를 들어 양배추즙 속의 안토시안)은 여러 가지 색을 나타냅니다. 또한 지시약마다 사용 목적이 다릅니다.

: **붉은 용과는 과일 전체가 빨간색이잖아. 이걸로도 실험할 수 있겠지?**

: **식초나 레몬즙을 더하면 맛도 그런대로 괜찮을 것 같은데 한번 넣어보자!**

: **배탈 경보 감지!**

양배추를 케이크에 넣으면 색이 변하기는 하나 맛은 좋지 않을 수 있습니다. 방법을 바꿔 보세요. 자색 양배추를 넣고 끓인 보라색 물에 색과 수분을 잘 흡수하며 색 변화를 쉽게 관찰할 수 있는 음식을 넣어 익혀보세요. 가령 양배추를 삶은 보라색 물에 넓적 당면을 넣고 익히면 당면 색이 변하는 것을 관찰할 수 있습니다. 여기에 식초를 뿌리면 당면 색이 다시 변하게 됩니다. 이처럼 식탁에서도 과학의 아름다움을 경험할 수 있습니다.

직접 요리하는 것이 귀찮다면 시중에서 파는 노란면(밀가루와 물, 간수를 혼합하여 만든 중국식 면, 염기성을 띤다)을 사다가 양배추즙에 담가보세요. 노란면은 보라색으로 물들지 않고 녹색으로 변하는데, 그 이유는 당면을 제조하는 과정에서 넣는 **간수**가 **염기성**을 띠기 때문입니다. 녹색으로 변한 당면에 식초를 떨어뜨려 비벼주세요. 산·염기 중화 반응이 일어나 안토시안 성분이 빨간색으로 변하면서 빨간색 당면으로 변합니다. 이와 같은 방식으로 노란색, 녹색, 빨간색의 삼색 당면을 만들 수 있습니다.

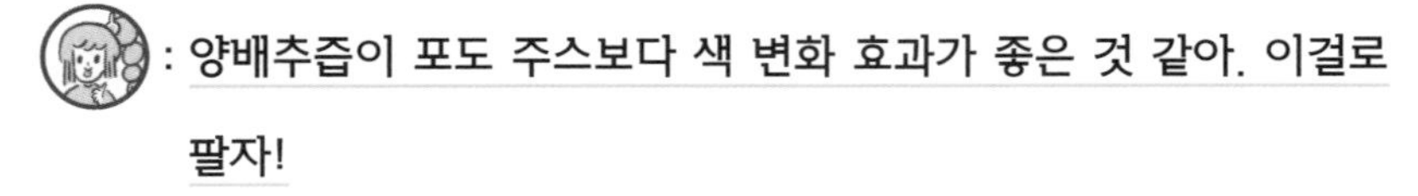

: 양배추즙이 포도 주스보다 색 변화 효과가 좋은 것 같아. 이걸로 팔자!

: 그렇지만 맛이 영… 난 못 먹겠어.

: 맛이 정말 독특하네. 설마… 양배추 와플?

: 맞아요. 과일 식초를 곁들여서 먹으면 정말 환상의 디저트가 될 것 같아요.

: 이걸 먹고 시험을 보면 100점 맞을 것 같아요! 선생님, 하나 더 드실래요?

: 그, 그게… 너희 축제 때 판매할 중요한 음식이니까 선생님은 그만 먹을게.

: 아무래도 축제 당일에 보건실을 자주 왔다 갔다 해야 할 것 같은 불길한 예감이….

1) 안토시안 외에도 일상에서 어떤 물질 또는 식품이 산성 및 염기성에 따라 색이 변하는지 관련 자료를 찾아보세요.

2) 케이크에 레몬즙을 뿌리면 색은 변하지만, 케이크가 맛없게 변할 수 있습니다. 케이크 맛을 유지하면서 색이 변하는 효과를 낼 수 있는 다른 방법을 찾아보세요.

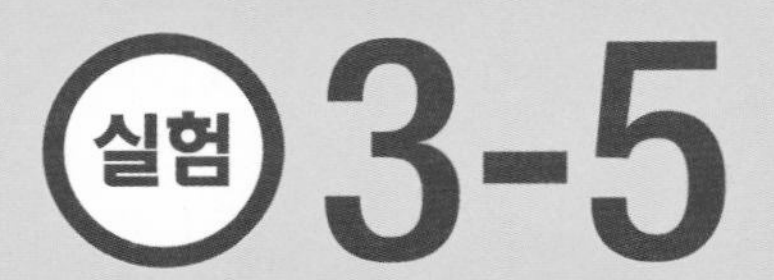

교과 학습 내용

- 물질의 반응 규칙
- 수용액 안에서 일어나는 변화
- 산·염기 반응

강황 분말 살인 사건. 범인은 산과 염기?

 : 양배추즙으로 다양한 색 변화를 관찰할 수 있지만, 여러 번 가지고 놀다 보니 조금 지겹네.

 : 게다가 솔직히 맛도 좀 그렇고…. 맛도 있고 색 변화도 관찰할 수 있는 그런 실험 없을까?

 : 당연히 있지. 카레에 들어있는 강황도 산·염기 반응에 따라 색이 변한단다.

  : 와, 이번에는 카레다!

 : 차마 녀석들에게 카레가 아니라 강황 가루라는 사실을 말하지 못한 모양이네!

EXPERIMENT

실험 재료 : 강황 가루, 알코올, 베이킹소다 가루, 자, 적당한 크기의 용기

실험 과정 :

❶ 알코올 10ml에 강황 가루 작은 한술을 넣고 섞어 주세요. 강황은 물에 잘 녹지 않기 때문에 알코올을 용매로 사용합니다.

❷ 강황 가루를 넣고 섞은 알코올 용액을 피부 일부분에 고르게 발라 주세요. 알코올을 사용하고 싶지 않다면 강황 가루를 직접 발라도 되지만, 이 경우 고르게 바르기 어려울 수 있습니다.

❸ 자의 옆면에 베이킹소다 가루를 묻혀 주세요.

❹ 강황을 바른 피부를 자로 가볍게 긁어내 보세요. 자로 긁은 부분이 주홍색으로 변하면서 가짜 피와 같은 특수 분장 효과를 나타냅니다.

 : 대단한데? (자로 성진의 팔을 긁어보는 중)

 : 아, 이런….

 : 너희들 무슨 연극하니?

 : 서둘러 범죄 현장을 정리하고, 지금부터 하는 설명을 잘 들어보세요.

카레에 들어있는 중요한 향신료 중 하나인 **강황**은 안토시안과 마찬가지로 산성과 염기성 환경에서 색이 변하는 특성을 지니고 있습니다. 색이 변하는 이유는 '**커큐민**curcumin'이라는 물질 때문입니다. 커큐민 역시 천연 색소 중 하나로, 실제로 카레를 담은 용기나 옷에 카레가 묻었을 때 잘 지워지지 않고 노란색 얼룩이 남을 수 있습니다.

일반적으로 산·염기 색 변화 실험은 농도가 다른 산·염기 용액을 각각 준비한 뒤, 각 컵에 지시약을 조금씩 떨어뜨려 색의 변화를 관찰하는 방식으로 진행됩니다. 우리는 이 개념을 좀 더 응용하여 '글자가 없는 책'을 만들어 볼 수 있습니다. 붓을 산성 및 염기성 용액에 담근 뒤 도화지 위에 글씨를 씁니다. 그리고 글씨 자국이 보이지 않을 때까지 도화지를 말려 주세요. 그런 다음 강황을 넣어 섞은 용액과 케일주스를 도화지 위에 뿌려주세요. 산성 및 염기성 용액으로 글씨 쓴 부분과 주변의 색이 다르다는 것을 관찰할 수 있습니다. 강황의 색깔은 사람의 피부색과 비슷한데, 염기성 물질과 만나 반응하면 피처럼 주홍색으로 변해 상처 난 것처럼 보이는 특수 분장 효과를 낼 수 있습니다.

: **재미있기는 한데, 강황이 묻으니 잘 안 지워져!**

: **그러고 보니 종이 위에 뿌린 강황 색이 방금 것보다 연해진 것 같지 않아?**

: 그런 것 같기도 하고…. 설마 이게 말로만 전해 듣던 미스터리 사건?

: 이게 바로 광분해야. 광화학 반응의 한 종류지.

커큐민은 염료로 사용될 수 있지만 햇빛에 노출되면 **자외선을 흡수하여 분해 반응을 일으킵니다.** 이와 동시에 무색 물질이 만들어지면서 색이 사라지게 됩니다. 이러한 특성을 활용하여 특별한 카드를 만들 수 있습니다.

먼저 카드 속지에 강황을 넣어 섞은 알코올 용액을 고르게 뿌려주고, 종이가 건조되어 연한 노란색이 나타날 때까지 기다립니다. 그다음 나뭇잎이나 알루미늄 포일을 원하는 모양으로 잘라서 강황 용액을 뿌린 종이 위에 올려놓고 클립이나 투명 필름으로 고정해 주세요. 여기서 나뭇잎과 알루미늄 포일은 빛을 가리는 물체 역할을 합니다. 이렇게 완성한 종이를 햇빛에 노출시켜 주세요.

대략 20~30분 후에 빛을 가리는 물체를 제거하면 가려진 부분은 여전히 노란색을 띠지만 햇빛이 노출된 다른 부분은 색이 사라져 무색에 가깝게 변한 것을 볼 수 있습니다. 이와 같은 방식으로 나만의 특별한 강황 카드를 만들 수 있습니다.

: 빛을 받으면 반응하여 분해된다니…. 쓰레기에도 이런 특성이 있다면 얼마나 좋을까?

: 너뿐만 아니라 수많은 과학자도 그런 일이 일어나기를 간절히 바란단다.

: 빛에 의해 분해되는 비닐봉지를 만들어 봐요!

강황 외에도 일부 유기 화합물은 햇빛(그중에서도 특히 자외선)에 노출되면 분해되는 특성이 있습니다. 이를 또 다른 말로 **광분해**라고 부릅니다. 만약 광분해 원리를 일부 의료 폐기물 처리에 적용한다면 환경오염을 감소하고, 환경에 미치는 부정적인 영향도 줄어들 것입니다.

광분해 기술은 일상생활에서도 다양하게 적용되며, 특히 공기 청정기에서 자주 사용되는 '**광촉매**' 기능이 좋은 예입니다. 여기서 촉매란 반응 속도를 증가시키는 물질을 의미하는데, 광촉매는 빛에 노출될 때 활성화되어 화학 반응을 촉진합니다. 광촉매가 활성화되면 주변의 유해한 오염물질을 분해하여 공기를 쾌적하게 만들어 줍니다.

: 광촉매는 정말 대단한 거 같은데? 광촉매 안에는 대체 무엇이 들어 있을까?

: 광촉매 재료로 가장 흔히 쓰이는 것은 나노 크기의 이산화티타늄이야.

 : 나노는 아주 아주 작은 크기의 단위잖아. 나노로 표시될 정도라니, 대단한데?

 : 나노 입자가 작아서 반응 활성이 더 높은 거야!

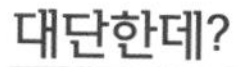

사고 확장하기

1) 산·염기 반응에 의해 색이 변하는 특성으로 또 어떤 놀이를 할 수 있을까요?

2) 나노 광촉매가 공기 정화 기능에 어떻게 활용되는지 조사해 보세요. 전염병이 확산될 때 나노 광촉매를 사용한 공기 정화가 살균 효과가 있다고 생각하나요? 그 이유는 무엇인가요?

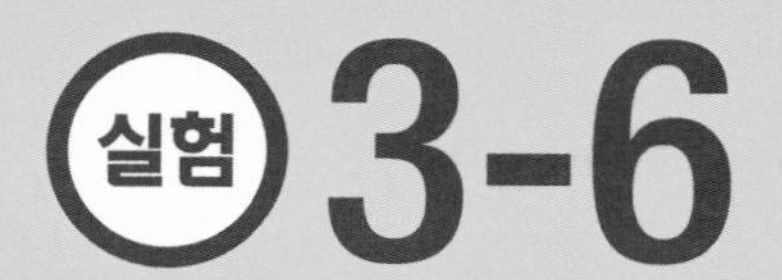

교과 학습 내용

- 물질의 분리와 검증
- 물질의 반응 규칙
- 산·염기 반응

산·염기 반응으로 만드는 그라데이션 음료

: 안토시안을 이용한 이색 케이크 만들기, 강황을 이용한 색 변화 놀이도 재미있긴 한데, 뭔가 부족한 것 같아.

: 과학을 배울 때 느끼는 그런 두근거림은 확실히 부족한 것 같네.

: 제 생각에 음료가 부족한 것 같아요. 음식보다는 음료가 더 잘 팔릴 것 같아요.

: 옆 반에서는 드라이아이스 소다를 판다던데, 우리는 다른 걸 팔까?

: 당연히 같은 걸 팔면서 경쟁해야지!

: 이러다 옆 반과 싸우는 거 아냐? 아무래도 더 바빠지겠는걸.

: 간단해! 산성과 염기성 개념을 계속 활용해 보자!

EXPERIMENT

실험 재료 : 말린 접두화, 레몬즙, 탄산수, 얼음, 냉온수, 적당한 크기의 용기와 투명한 컵

실험 과정 :

❶ 말린 접두화를 뜨거운 물에 담가놓고 색이 진해지면 접두화는 걸러내고, 우려낸 물만 식혀서 준비해 주세요.

❷ 투명한 컵 바닥에 신선한 레몬즙 12g을 부어주세요. 그다음 컵의 70% 정도가 찰 때까지 얼음을 넣어 주세요.

❸ 컵의 70~80% 찰 때까지 컵 가장자리를 따라 탄산수를 부어주세요. 바닥의 레몬즙은 섞이지 않는 상태로 유지해 주세요.

❹ 다시 얼음을 넣어 컵을 가득 채워주세요. 그런 다음 접두화를 우린 물을 가득 부어주면, 그라데이션 음료수가 완성됩니다.

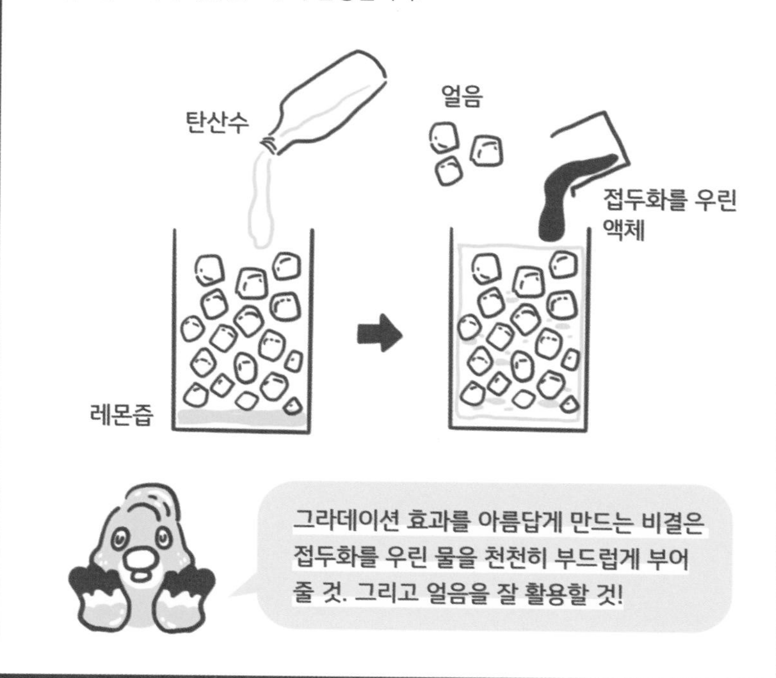

 : 접두화에 의해 색이 변하는 것도 안토시안 때문이야? 그럼 양배추 즙 대신 사용해도 되겠네?

 : 물론이지. 하지만 맛은 없을 것 같은데….

 : 갑자기 앞서 실험에서 만들었던 양배추 와플이 생각나네.

  : (좋지 않은 기억이 떠오른다)

 : 화, 화제를 돌려볼까? 선생님이 이 음료수에 대해 설명해 줄게.

접두화를 우린 물에는 양배추즙과 마찬가지로 안토시안이 풍부하게 함유되어 있습니다. 따라서 용액의 산·염기도 변화에 따라 색이 달라집니다. 레몬즙을 컵에 붓고 나서 그 위에 얼음을 채워 넣는 이유는 얼음이 **완충 역할을 하여 두 용액이 혼합되는 속도를 늦춰주기 때문**입니다. 탄산수와 접두화 우린 물을 붓게 되면 레몬즙의 농도가 위아래로 뚜렷한 차이를 나타냅니다. 컵의 아래에서 위로 갈수록 레몬즙의 농도가 점차 감소하게 되고, 층층이 색이 달라지는 그라데이션 음료수가 만들어집니다.

용액이 농도가 높은 곳에서 낮은 곳으로 확산하는 것은 자연스러운 현상입니다. 그래서 농도 차이를 이용한 그라데이션 효과는 흔들림에 강하지 않으며 오래 지속되지 않습니다. 그러므로 그라데이션 음료수를 만든 후에는 서둘러 사진을 찍어 두세요. 그리고 음료를 마시기 전에 먼저 잘 섞은 뒤 마셔야 맛을 제대로 느낄 수 있습니다.

: 저 그라데이션 음료수는 엄청 예쁜데, 내가 만든 것은 왜 두 가지 색밖에 안 되지?

: 그건 네가 섬세하지 못해서야. 용액을 부을 때 교과서를 대할 때처럼 천천히 부드럽게 부어줘야 해.

: 교과서를 대할 때처럼? 나는 어떤 책이든 끝까지 열심히 읽는데?

: 아무래도 그라데이션 음료수 만들기는 너랑 안 맞는 것 같아.

식물 중에는 천연 산·염기 지시약이 많이 있습니다. 이처럼 식물을 활용하여 산·염기를 구분하게 된 기원은 1660년대 로버트 보일Robert Boyle의 실험실에서 일어난 한 사건에서 시작되었습니다.

어느 날 아침, 보일은 선물 받은 제비꽃 꽃다발을 실험대 위에 올려놓고 실험을 하다가 실수로 산성 용액을 엎어버렸습니다. 실험대 위를 흐르던 용액이 제비꽃에 닿자 보일은 서둘러 엎어진 용액을 닦으려고 했습니다. 그런데 그 순간 꽃잎이 보라색에서 빨간색으로 변하는 광경을 보게 되었습니다.

이 모습에 놀란 보일은 더 많은 다양한 종류의 꽃을 가져와 실험을 진행했습니다. 실험 결과, **라벤더**라는 식물이 색 변화 효과가 뛰어나다는 사실을 알아냈습니다. 이후 그는 '**산성은 라벤더를 빨갛게 만들고, 염기성은 파란색으로 만든다**'라는 산·염기 정의를 발표했습니다. 그리고 라벤더와 같이 산·염기에 의해 색이 변화하는 물질을 '**지시약**'이라고 명명했습니다.

 : **아아, 나는 영영 보일 같은 사람은 못 될 것 같아.**

 : **보일처럼 위대한 업적을 쌓고 싶은 거야?**

 : **아니, 그게 아니라 꽃 말이야. 보일은 접두화 꽃을 선물로 받았잖아.**

 : **너무 슬퍼하지 마. 아무래도 널 위로해 줄 사람은 아무도 없을 듯하다.**

 : **나도 널 위로해 줄 마음 없어!**

 : **과학은 영원히 너의 좋은 친구란다. (눈을 깜박거린다)**

보일은 연구 과정에서 비용을 절약하기 위해 한 가지 방법을 고안해 냈습니다. 그는 식물을 물이나 알코올에 담가 추출물을 만든 다음 그 추출물에 종이를 담가 색을 입힌 뒤 이를 건조하여 시험지[test paper]로 사용하는 방법을 생각해 냈습니다. 당시 그가 비용 절약을 위해 생각해낸 아이디어가 300년이 훨씬 지난 지금 실험실에서 흔히 사용되는 산·염기 분석 재료 중 하나인 **리트머스 시험지**의 시초입니다.

보일은 라벤더의 색으로 산·염기를 판단했는데, 이 방법은 산 또는 염기의 농도가 일정 수준에 도달해야만 색 변화가 나타났습니다. 이처럼 단순히 색깔만으로 산·염기를 판단하는 것은 정확하지 않았기 때문에 산·염기 농도를 좀 더 정확하게 측정할 수 있는 도구인 **'pH 값'**이 생겨난 것입니다.

1) 포도 주스, 양배추즙, 접두화 우린 물을 동일한 산성 또는 염기성 용액에 떨어뜨려 보고, 그 결과로 나타나는 안토시안의 색깔 변화를 기록해 보세요.

2) 주위에서 잎이 자줏빛을 띠는 식물을 주의 깊게 관찰해 보고, 그 식물을 잘게 다져 물에 담근 후 안토시안 용액을 추출해 보세요. 그리고 이것이 산·염기 지시약으로 사용될 수 있을지 테스트해 보세요.

과학 칼럼 존 돌턴이 쏘아올린 공, 원자론

보일과 라부아지에 이 두 과학자의 노력 덕분에 화학 연구는 이전에 성행해 왔던 연금술 방식에서 벗어나 통일된 용어, 서로 다른 국가에서도 독립적으로 적용할 수 있는 통일된 체계 및 이론을 갖추게 되었습니다. 또한 질량 보존의 법칙과 같은 중요한 원리가 발견되면서 이론을 입증하는 실험 데이터 및 증거의 중요성이 더욱 강조되었습니다.

먼저 정비례의 법칙 또는 **일정 성분비 법칙**으로도 알려진 이 법칙은 18세기 말 프랑스 화학자 조제프 루이 프루스트Joseph Louis Proust가 제안했습니다. 프루스트는 다양한 물질을 세심하게 분석한 결과, 천연 또는 인조 수산화 탄산 구리(II)를 구성하는 탄소, 수소, 산소, 구리 이 네 가지 원소의 질량이 항상 일정한 비율로 존재한다는 사실을 발견했습니다. 그래서 그는 '**특정 화합물을 구성하는 원소의 질량 비율은 동일하다**'는 아이디어를 제시했습니다.

과거 수많은 이론이 등장했을 때와 마찬가지로 프루스트가 제시한 이론도 지지하는 의견과 반대하는 의견이 모두 존재했습니다. 프루스트의 생각에 의문을 제기한 사람 중 한 명은 프랑스 화학자 클로드 루이 베르톨레Claude Louis Berthollet였습니다. 두 사람은 서로 논쟁하며 상대방의 의견을 반박했습니다. 두 사람의 의견은 수년간 첨예하게 대립했지만, 결국 프루스트의 일정 성분비 법칙 이론이 과학계에서 널리 인정받게 되었습니다.

베르톨레와 프루스트의 논쟁은 사람들이 '화합물'과 '혼합물'의 차이를 더 깊이 연구하게 만드는 기폭제가 되었습니다. 일상에서 다루는 대부분의 물질은 혼합물입니다. 환경에 따라 다른 성분을 가지고 있거나 성분의 조성 비율이 다를 수 있으므로, 이러한 물질은 일정 성분비 법칙을 따르지 않습니다. 반대로 화합물은 **순물질**로, 화합물을 구성하는 원소의 비율은 고정되어 있으며, 물질의 성질 역시 일정하게 유지됩니다. 화합물의 이러한 특징은 프루스트의 이론을 뒷받침해 주었습니다.

예를 들어 우리가 호흡하는 공기 중에는 질소, 산소, 이산화탄소, 수증기 등 다양한 기체가 포함되어 있습니다. 해수면 위의 공기와 사막의 공기를 비교하면 수증기 함량에 큰 차이가 있을 수 있지만, 둘 다 모두 공기이자 **혼합물**입니다. 그러나 어느 곳에서 채취한 공기이든 그 안에 포함된 이산화탄소는 불에 타지 않고 불을 퍼뜨리지 않는 기체입니다. 또한 이산화탄소를 구성하는 탄소와 산소의 질량 비율은 고정되어 있으며, 실험 과정에서 만들어진 이산화탄소라 할지라도 마찬가지입니다. 이것이 바로 **화합물**입니다.

일정 성분비 원칙에 따르면 이산화탄소가 어디서 어떻게 생겨났든 이산화탄소 자체는 항상 동일한 조성을 가진 '화합물'입니다. 반대로 공기처럼 물질을 어떤 환경에서 채취하느냐에 따라 그 조성이 다를 수 있는 것이 바로 '혼합물'입니다.

1803년 영국의 화학자 존 돌턴은 여러 화합물을 분석한 결과, 특정 조건에서 어떤 화합물에 들어있는 동일한 원소의 질량 간에 배수 관계가 있다는 것을 발견했습니다. 그는 이를 토대로 최초로 **배수 비례 법칙**을 발표했습니다. 또한 그 뒤로 몇 년 후 배수 비례 법칙을 기반으로 그 유명한 '**원자론**'을 발표했습니다.

원자론은 당시 과학계에 큰 영향을 미친 역사적으로 중요한 이론입니다. 원자론을 통해 다양한 화학 법칙의 근본적인 원인을 설명하는 일이 가능해졌으며, 질량의 개념에도 새로운 의미를 부여했습니다.

원자론이란 **물질을 구성하는 가장 작은 단위인 '원자'는 고정된 질량을 가지며, 더 이상 쪼개질 수도, 새롭게 생성되지도 않으며, 화학 반응이란 원자 자체가 재배열되는 과정**이라고 주장하는 이론입니다. 다시 말해, 우리가 접하는 화합물은 사실 여러 종류의 원자들이 긴밀하게 결합하여 구성되어 있습니다. 이러한 원자들이 서로 분리되고 다른 방식으로 다시 결합하여 새로운 물질이 생성될 때 바로 화학 반응이 일어났다고 말하는 것입니다.

20세기 초 미국의 물리학자이자 당대 최고의 과학자 중 한 사람이었던 리처드 필립스 파인만Richard Phillips Feynman은 "인류가 수천 년에 걸쳐 쌓아온 과학 연구 성과를 하나의 이론으로 집약한다면 그 이론은 원자론이어야 한다."라고 말했습니다. 그의 이런 주장은 과학 연구 역사상 원자라는 개념이 얼마나 중요한 위치를 차지하고 있는지를 보여줍니다. 물론 시대가 변화하고 새로운 이론이 계속 출현하면서 일정 성분비 법칙, 원자론, 심지어 질량 보존의 법칙과 같은 이론에도 수정과 보완이 필요해졌지만, 이러한 이론들이 오랜 세월 확고한 신뢰를 얻었기 때문에 과학은 꾸준히 발전하며 새로운 이론과 연구로 나아갈 수 있었습니다.

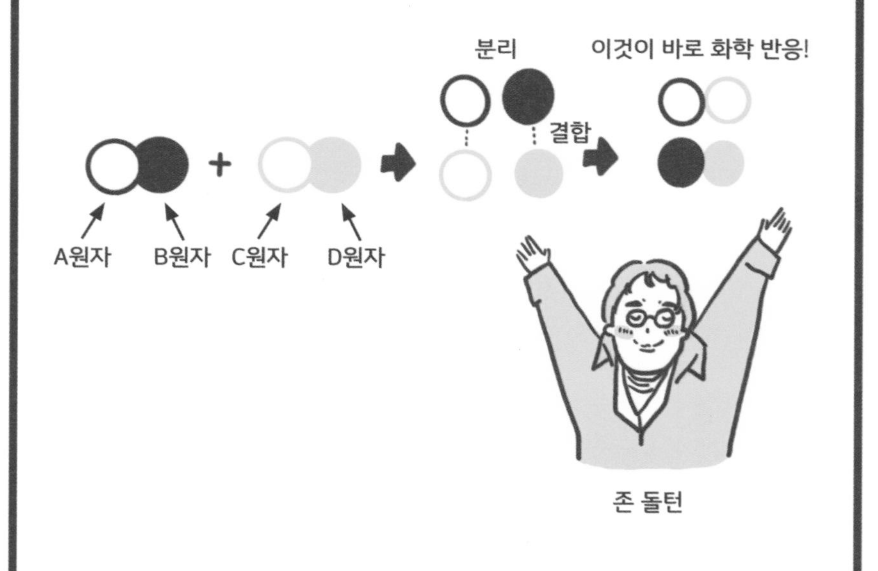

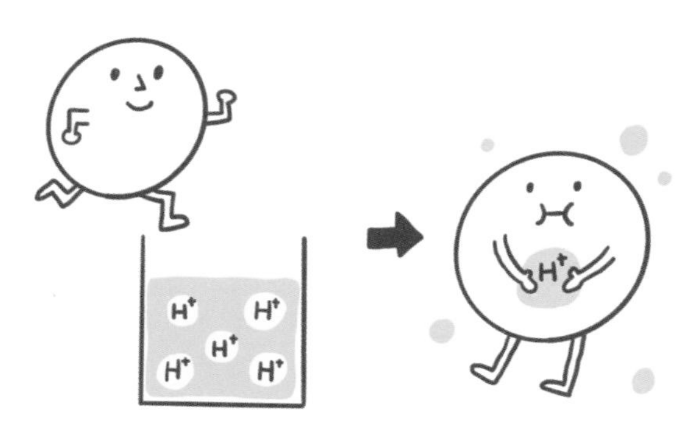
H+
H+
H+
H+
H+
H+

제4단원

과학 탐정이 되어 진실에 가까이 다가가다

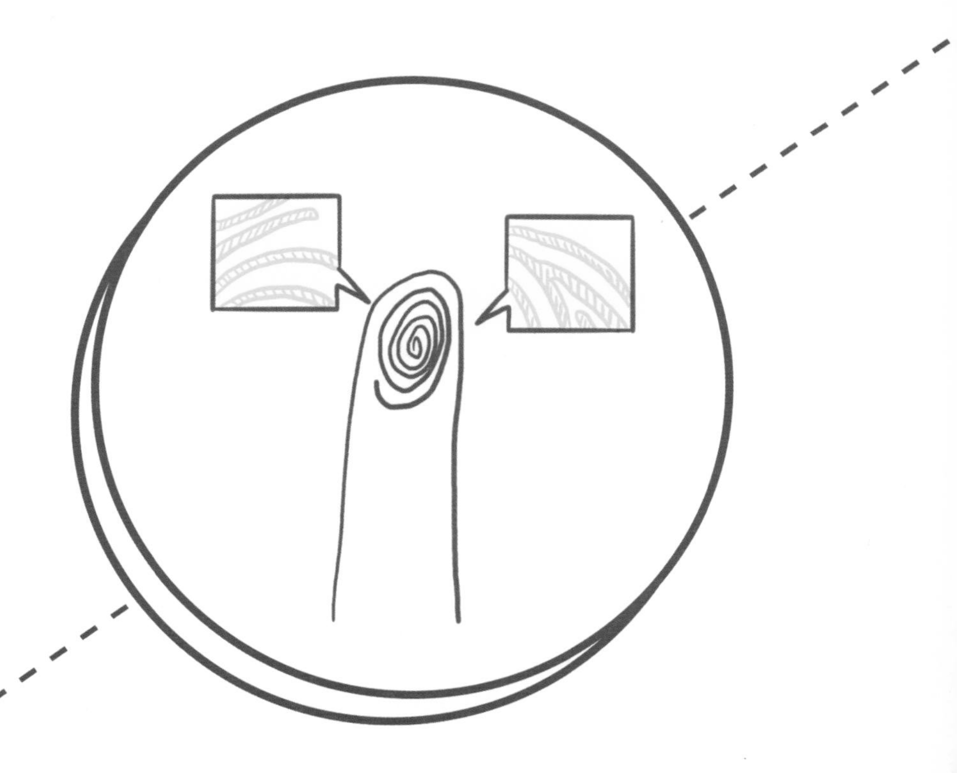

FINGERPRINT+TECT

추리 드라마를 좋아하는 성진은 항상 돋보기를 들고 사건 현장에 들어가 차분하게 관찰하고 마침내 사건의 진상을 밝혀내 정의를 실현하는 꿈을 꿉니다.

"그만 일어나!" 성진을 깨우는 소리가 들립니다. "오늘 축제 부스 당번은 너야!" 알고 보니 오늘이 축제 날이었네요.

이번 단원에서는 동방왕 선생님과 함께 위조지폐 식별 방법을 체험하고, 실제 지문을 수집해서 과학적인 방법으로 거짓 광고를 찾아내 볼 예정입니다. 자, 탐정 정신을 불태워 봅시다!

START

실험 4-1

교과 학습 내용

- 물질의 구성과 원소의 주기성
- 에너지의 형태와 전환
- 물질의 분리와 검증

색이 변했다가, 형광빛을 냈다가. 사람보다 바쁜 강황 분말

: 앗. 실수로 옷에 강황이 묻었어.

: 색이 변하는 옷을 갖게 된 걸 축하해. 베이킹소다로 문질러 보는 게 어때? (낄낄낄)

: 이건 색이 변하기만 하는 게 아니라 빛을 내는 옷이야!

: 뭐라고요?

: 얼른 실험해 봐요! 실험! 실험!

EXPERIMENT

실험 재료 : 강황 가루, 알코올, 노란색 엽서, 면봉이나 수채화 붓, 파란색 셀로판지, 양면테이프, 손전등 기능이 있는 핸드폰이나 백열 LED 손전등

실험 과정 :

❶ 20ml의 알코올에 소량의 강황 가루를 넣어 섞어 주세요. 그다음 강황 용액을 물감처럼 사용하여 노란색 엽서에 그림을 그려주세요. 엽서가 마르면 카드 위에 강황 용액을 바른 흔적이 보이지 않게 됩니다.

❷ 광원(빛을 내는 물체_역주)의 크기를 확인한 뒤 너비는 같게, 그리고 길이는 너비의 약 4배가 되도록 파란색 셀로판지를 잘라줍니다.

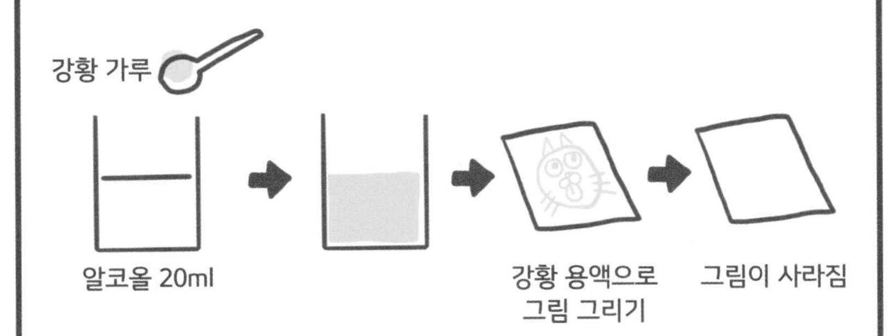

❸ 셀로판지를 절반이 되도록 접은 뒤 한 번 더 반복해서 접어주세요(총 4겹이 되도록 접는다). 접어둔 셀로판지를 양면테이프로 광원 위에 붙인 후 손전등을 켜면 파란색 빛이 나오는 것을 볼 수 있습니다.

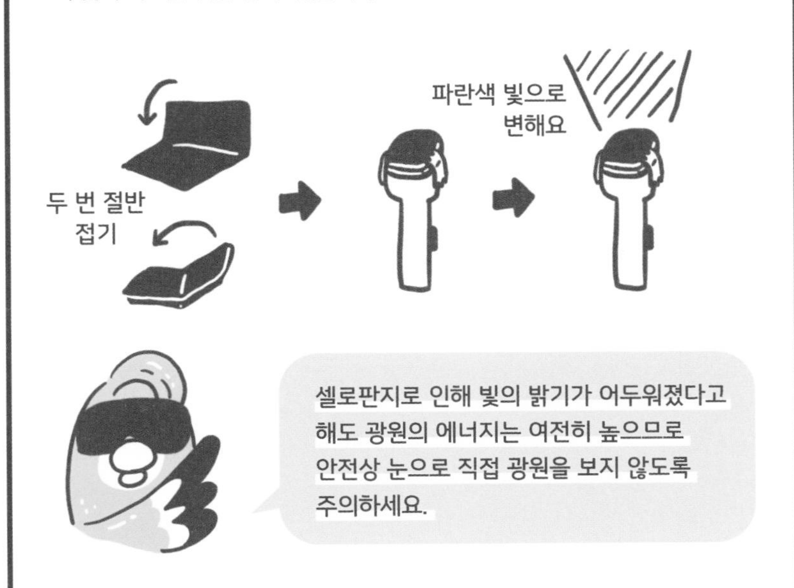

❹ 암실에서 앞서 미리 만들어둔 엽서에 이 파란빛을 비춰주면 강황 용액으로 그린 부분에서 형광이 나타나는 것을 볼 수 있습니다.

: 엽서 한 장만 더 줘. 강황 용액으로 고백 편지를 쓸래요!

: 굉장히 낭만적인데!

: 그럼 이 실험의 원리부터 빨리 이야기해 줘야겠네!

: 쩝… 인간들의 기준을 모르겠어. 새들의 세계에서 이런 대화 주제를 꺼내면 평생 외톨이 신세를 면치 못하는데 말이야.

우리는 이전 단원에서 불꽃놀이용 폭죽에 들어있는 가루를 사용해 각각의 원소가 연소할 때 방출되는 불꽃색을 알아봤습니다. 불꽃의 색깔과 형광 반응 모두 원자 내 **전자가 활성화되어 에너지를 방출하는 과정**입니다. 다만 에너지의 크기에 따라 빛의 형태와 색깔이 달라집니다. 위 실험에서는 손전등의 빛을 사용해 강황 물질 내의 전자가 활성화될 수 있도록 에너지를 공급해 줍니다. 하지만 이 경우 형광이

상대적으로 약하게 나타나기 때문에 관찰이 어려울 수 있습니다. 따라서 형광 현상을 뚜렷하게 관찰하려면 특정 빛을 흡수하거나 여과시키는 도구를 이용해 **빛의 강도를 낮춰야** 합니다.

하지만 모든 광원이나 모든 색깔의 셀로판종이가 이와 같은 효과를 나타내는 것은 아닙니다. 백색 LED 전등의 경우 파란색 빛을 방출하는 LED(발광 다이오드_역주) 램프에 노란색 형광 분말이 도포되어 있는데, 이 두 가지 빛이 혼합되어 백색 빛이 만들어집니다. 따라서 백색 LED 전등 앞에 파란색 셀로판지를 가져다 대면, 빛의 세기가 감소하며 원래의 푸른 빛으로 변합니다. 푸른색 빛의 파장은 자외선에 가까워 강황 속 전자를 활성화시켜 빛을 방출하게 만들며, 그 결과 형광 현상이 나타납니다.

: 그럼 일상에서 사용하는 전등이나 조명 아래에서도 많은 물질이 형광을 나타낼 수 있지만, 우리 눈으로는 볼 수 없는 거야?

: 형광의 강도가 약해서 주변이 어두워야 형광 반응을 볼 수 있어. 형광은 사진으로도 찍기 어려워.

: 그럼 형광 섬유는 어때? 일상에서 사용하는 조명으로 지폐를 비춰 형광 반응을 확인할 수 있을까?

: 일상 조명을 이용해서 지폐를 감별해 볼 생각을 해냈다니, 똑똑한걸!

세계 여러 나라의 화폐에는 위조 방지 기술이 담겨 있습니다. 그중 하나가 바로 종이에 **형광 섬유**를 혼합하는 것입니다. 이 형광 섬유는 푸른색 또는 보라색 빛(자외선)을 방출하는 광원으로 비췄을 때 형광을 나타냅니다.

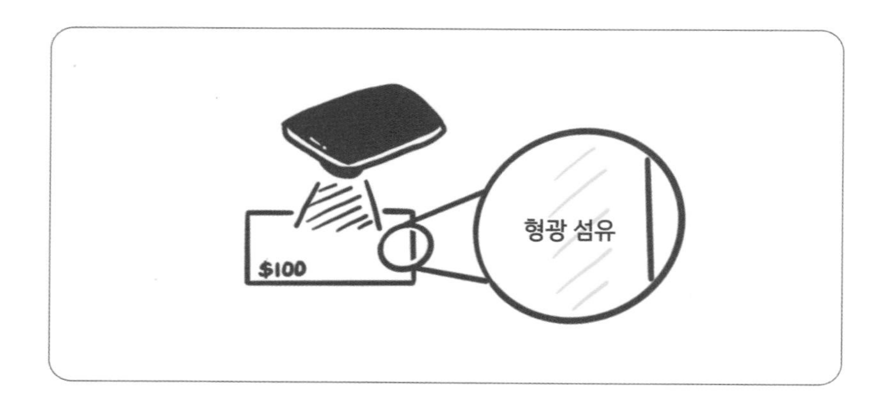

실제로 자외선은 높은 에너지를 가지고 있지만 가시광선 범위에 속하지 않아 우리 눈으로는 볼 수 없습니다. 위 실험에서 셀로판지를 통해 걸러진 파란색 빛은 밝기가 낮다 해도 여전히 높은 에너지 상태를 유지하고 있으므로 눈으로 직접 빛을 보는 행동은 매우 위험하니 주의하세요.

 : 강황과 알코올을 섞은 이 용액을 얼음으로 만들면 어떨까? 재미있을 것 같지 않아?

 : 세상에는 엄청나게 많은 물질이 있어. 형광을 나타내면서 얼음으로도 만들 수 있는 물질이 분명 있을 거야.

 : 보아하니 토닉워터가 필요한 모양이네. 토닉워터를 사용하면 형광 효과를 만들 수 있어!

강황과 토닉워터에는 **퀴닌**Quinine이라는 성분이 들어있습니다. 퀴닌은 특정한 분자 구조를 가지고 있어서 자외선과 같은 특정한 자극을 받았을 때 형광을 방출합니다. 일부 주점에서는 오로라나 형광처럼 화려한 시각적 효과를 내는 칵테일을 판매하는데, 대부분은 주류와 토닉워터를 혼합하여 만든 것입니다. 가정에서도 토닉워터나 토닉워터를 얼려 만든 얼음을 사용하여 나만의 형광 음료수를 만들 수 있습니다.

 : 아아, 너무 고민돼. 고백에 성공하면 데이트는 어디서 하지?

 : 그건 고백이 성공한 다음 고민해도 되지 않을까?

 : 오로라 음료수를 파는 곳을 가보는 게 어때?

 : 아름다운 조명과 로맨틱한 분위기를 느낄 수 있으니까요?

 : 그게 아니라 주문한 음료수가 나오면 형광 음료수와 고백 카드의 원리를 더 잘 설명해 줄 수 있지 않을까?

: 그다음에는 주머니에서 파란색 셀로판지와 양면테이프를 꺼내 핸드폰으로 지폐 감별을 하는 거야?

(모두들 고개를 끄덕인다)

: 나… 갑자기 다른 일이 생각났어. 먼저 가볼게. (쏜살같이 사라진다)

사고 확장하기

1) 접두화를 우린 물과 토닉워터를 섞어서 조명이 없어도 또는 어두운 공간이 아니더라도 시선을 끌 수 있는 특별한 음료수를 만들어 보세요.

2) 형광 현상은 화학 합성에만 활용되는 것이 아니라 생물학 및 의학 관련 연구에도 많은 기여를 합니다. 인터넷에서 '형광 단백질'을 검색해 보세요. 그리고 생물학자들이 발광 해파리를 비롯해 형광을 이용한 의학 연구를 어떻게 한 단계 더 발전시켰는지 알아보세요.

실험 4-2

교과 학습 내용

- 파동, 빛, 소리
- 과학, 기술, 사회의 상호 작용 관계

지폐가 얼마나 정교하게 인쇄되어 있는지 현미경으로 관찰하기

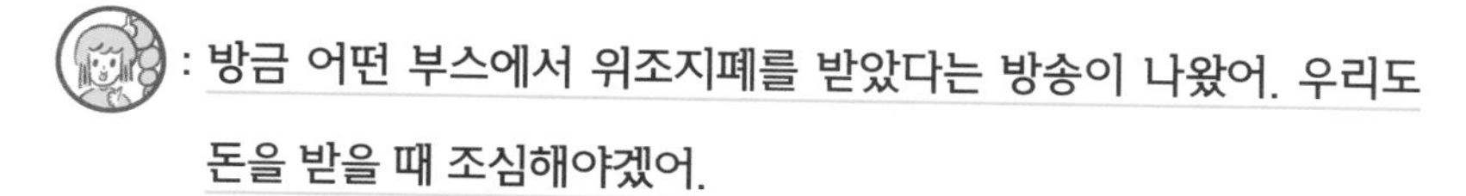

: 방금 어떤 부스에서 위조지폐를 받았다는 방송이 나왔어. 우리도 돈을 받을 때 조심해야겠어.

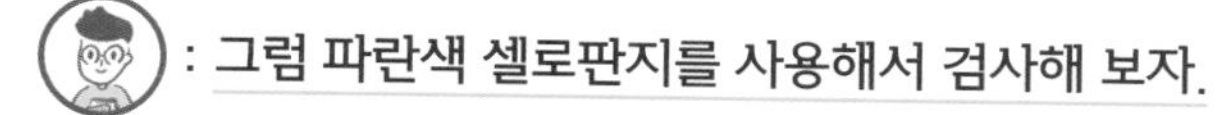

: 그럼 파란색 셀로판지를 사용해서 검사해 보자.

: 그렇지만 여기는 너무 밝아서 형광 섬유를 관찰하기 어려울 것 같아.

: 지폐를 감별하는 방법은 아주 많아. 내가 가지고 다니는… 망가진 레이저 펜을 사용해 보자.

: 이런 물건을 가지고 다니는 사람도 있나요?

EXPERIMENT

실험 재료 : 망가진 레이저 펜, 카메라 기능이 있는 핸드폰, 뾰족한 집게와 같은 분해 도구, 머리핀, 양면테이프, 지폐

실험 과정 :

❶ 레이저 펜의 끝부분(레이저 포인터 부분_역주)을 분리하여 렌즈를 조심스럽게 꺼내 주세요.

❷ 머리핀으로 렌즈를 고정한 다음 핸드폰 카메라 렌즈 위치에 놓아 주세요. 만일 핸드폰에 여러 개의 카메라 렌즈가 있을 경우, 우선 사진 촬영 기능을 켜서 근거리 화면 촬영 시 어떤 렌즈가 작동하는지 확인 후 해당 렌즈 위치에 올려놔 주세요.

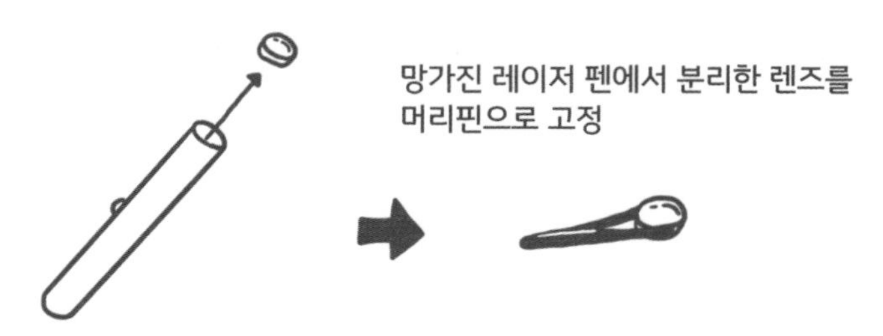

❸ 머리핀의 반대쪽 끝부분을 핸드폰 본체에 테이프로 고정해 주면 핸드폰 현미경이 완성됩니다.

❹ 카메라 렌즈를 지폐에 인쇄된 이미지 중 가장 작은 이미지에 맞춰주세요. 화면이 선명해지도록 핸드폰과 지폐 사이의 거리를 조절한 다음 카메라 화면을 확대해 주세요.

❺ 핸드폰 현미경으로 일반 인쇄물과 지폐를 관찰해 보고, 어떤 차이가 있는지 알아보세요.

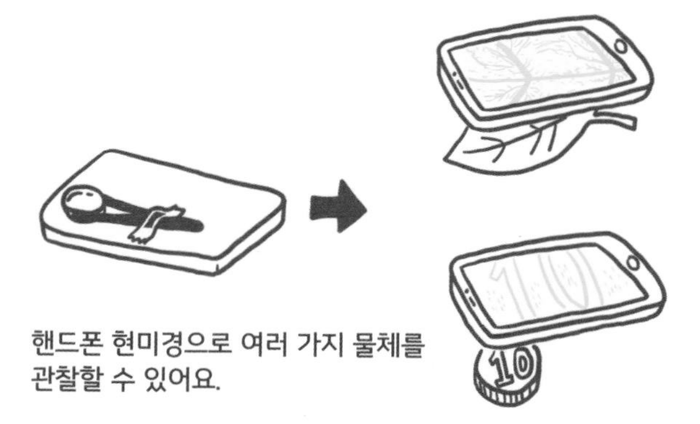

 : 지폐는 정말 정교하게 인쇄되어 있어. 하나의 작품 같아!

 : 인쇄의 정교함은 도구가 있어야 볼 수 있어. 그럼 이 렌즈는 볼록 렌즈인가요?

 : 맞아. 레이저 포인터에는 보통 5mm 볼록 렌즈가 사용된단다. 볼록 렌즈는 빛을 한곳으로 모으는 역할을 해.

 : 볼록 렌즈라고요? 돋보기가 볼록 렌즈 맞죠?

 : 이제 척하면 척이네! 지금부터 설명해 줄 테니 잘 들어봐.

핸드폰을 사람의 눈이라고 생각해 봅시다. 시력이 정상인 사람은 화면이 선명하게 보이겠지만, 원시나 근시로 고생하는 사람은 맨눈으로는 사물이 선명하게 잘 보이지 않기 때문에 렌즈, 즉 안경을 착용해야 합니다. 핸드폰 카메라로 확대 기능을 작동시키면 초점이 자동으로 조절됩니다. 그러나 카메라 렌즈가 사물과 너무 가깝거나, 화면을 지나치게 확대할 경우 초점이 맞지 않을 수 있습니다. 이럴 때 핸드폰 카메라 렌즈에 **볼록 렌즈**를 추가로 장착하면 **빛을 집중**시킬 수 있어 초점 문제를 개선할 수 있습니다.

핸드폰 카메라 화면을 확대했을 때 사물이 흐릿하게 보인다면 초점을 맞추기 위해 볼록 렌즈가 필요합니다. 핸드폰 카메라 렌즈 앞에 돋보기(확대경)를 붙여주면 이미지의 선명도를 개선할 수 있지만, 레이저 포인터의 렌즈를 사용할 때보다는 이미지 선명도가 다소 떨어질 수 있습니다.

현재 통용되고 있는 지폐에는 형광 섬유, 특수 용지 및 잉크, 워터마크 등 위조 방지 기술이 적용되어 있습니다. 지폐는 특수한 인쇄 방법으로 제작되는데, 실제로 지폐를 확대해서 보면 지폐에 인쇄되어 있는 모든 무늬가 선명하게 보입니다. 지폐에 인쇄된 다양한 무늬 중에는 지폐의 금액과 일치하는 숫자도 찾을 수 있습니다. 대만의 1,000위안 지폐를 예로 들겠습니다. 육안으로는 단순한 패턴처럼 보이지만, 실은 이 작은 영역에 1,000이라는 숫자가 숨겨져 있습니다. 이 숨겨진 숫자는 지폐의 위조를 방지하고 진위를 판별하는 데 중요한 역할을 합니다.

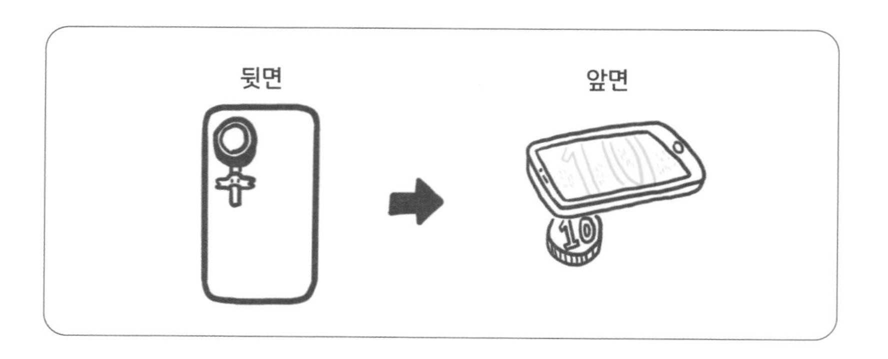

: **볼록 렌즈의 원리가 안경과 비슷하다면, 성진의 안경을 대신 사용해도 될까요?**

: 빨리 사용하고 돌려줘! 안경이 없으면 눈앞이 전부 흐리멍텅하게 보인단 말이야.

: 에이, 잘 안 되네.

인간의 눈은 매우 정밀한 광학 기구와 비교될 만큼 정교합니다. 그 중 '**수정체**'는 **볼록 렌즈**와 유사한 기능을 가지고 있습니다. 수정체는 **두께를 자동으로 조절**하여 우리가 보고자 하는 대상의 거리에 맞춰 초점을 조절합니다. 이 과정을 통해 망막에 선명한 이미지가 나타나게 됩니다.

만약 어떤 사람이 장시간 가까이 있는 것을 보거나, 눈의 노화로 인해 수정체의 탄력이 저하되어 회복할 수 없는 상태가 되면 시력이 흐려질 수 있습니다. 소위 **근시**란 수정체가 멀리 있는 물체를 보려 할 때 **초점이 망막 앞쪽에 맞춰지는 상태**를 말합니다. 이 때문에 **오목 렌즈**를 착용하면 빛의 경로가 조정되어 이미지가 퍼졌다가 망막에서 정확한 초점으로 재조정됩니다. 반면 **노안**은 근시와 반대로 **초점이 망막의 뒤쪽에 맞춰지는 상태**입니다. 노안이 있는 사람은 **볼록 렌즈**를 착용하는데, 볼록 렌즈는 퍼진 빛을 빠르게 모아 망막에서 선명하게 초점을 맞출 수 있도록 도와주는 역할을 합니다. 근시와 노안은 완전히 상반되는 증상으로, 사용하는 렌즈도 전혀 다릅니다.

1) 직접 만든 핸드폰 현미경을 사용하여 지폐를 관찰해 보세요. 그리고 육안으로는 보이지 않지만, 지폐 속에 지폐의 금액과 동일한 숫자가 몇 개나 숨겨져 있는지 찾아보세요.

2) 핸드폰 현미경을 이용해 교내에 있는 작은 물체나 동식물을 관찰해 보세요. 그리고 카메라 기능을 활용하여 내가 본 특별한 이미지를 기록해 보세요.

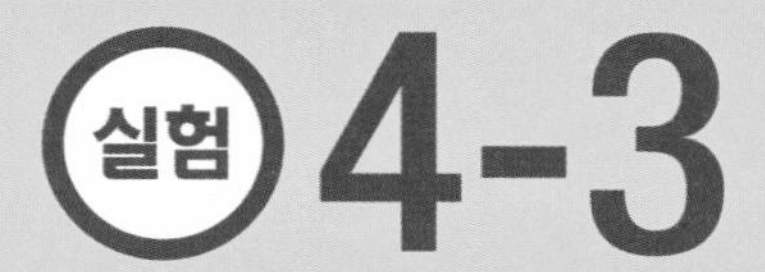

교과 학습 내용

- 생물체의 체내 균형과 조화
- 생활 속 과학 응용

곳곳에 가루를 뿌려 지문 채취하기

 : 이제 온 거야? 큰일났어. 부스에 놔두었던 음료를 누가 몰래 마셨어!

 : 뭐라고? 반드시 범인을 찾아야 해!

 : 알았어! 이럴 때는 붓으로 음료 컵에 찍혀 있는 지문을 채취해야 해.

 : 붓이 어디 있지?

 : 너희들의 호출 소리를 듣고 왔단다. 지금 이 순간 필요한 건 내가 늘 가지고 다니는 2B 연필!

  : 선생님은 대체 주머니에 뭘 그렇게 많이 넣고 다니세요?

EXPERIMENT

실험 재료 : 2B 연필, 사포, 소독용 솜이나 면봉, 머그컵이나 물을 흡수하지 않는 재료, 테이프

실험 과정 :

❶ 손가락으로 코끝과 이마를 문질러 피부의 기름기가 묻으면 머그컵의 마른 부분에 지문을 찍고 그 위치를 잘 기억해 주세요.

❷ 2B 연필을 사포에 대고 앞뒤로 문지르며 탄소 가루를 만들어 주세요.

❸ 소독용 솜이나 면봉을 흐트러뜨려 푹신한 상태로 만든 다음, 탄소 가루를 고르게 묻혀 주세요. 그다음 탄소 가루를 묻힌 면봉을 머그컵의 표면에 대고 가볍게 쓰윽 쓸어 주세요. 너무 세게 힘을 주고 문지르지 않도록 주의합니다.

❹ 잠시 후 지문이 완전히 드러나게 됩니다. 지문 주변의 남은 가루를 털어 내고 지문 위에 테이프를 붙였다 떼 주세요. 지문이 붙은 테이프를 흰 종이 위에 붙여놓고 관찰해 보세요.

 : 와, 이거 진짜 대단한데! 앞으로 날 명탐정이라고 불러줘.

 : 범인을 찾아내야 명탐정인 거지.

 : 알았어, 범인은 바로 너야. (손가락으로 가리키며)

 : 이 봐, 자기 지문을 채취한 거 아니야?

손가락 피부 표면에는 도장처럼 많은 무늬가 있고 곳곳에 **땀샘**이 존재합니다. 땀을 잉크라고 생각해 봅시다. 손가락은 물체에 닿았을 때 마치 연속적으로 도장을 찍듯이 물체 표면에 지문을 찍게 됩니다. 이처럼 지문은 물체에 닿았을 때 흔적을 남기는 특성이 있습니다.

컵에 지문을 남길 때 컵에 기름 성분의 자국이 남게 됩니다. 이때 **탄소 가루**를 컵에 가볍게 묻혀 주면 **물을 흡수하지 않는 성질을 가진 탄소 가루**가 기름에 달라붙어 지문의 형태가 드러나게 됩니다. 좀 더 확실하게 지문을 채취하고 싶다면 코끝이나 이마에서 분비되는 기름을 조금 더 바르면 됩니다. 지문의 형태가 드러나면 테이프로 지문을 옮겨 하얀 종이 위에 붙인 뒤 채취한 지문을 자세히 관찰해 보세요. 가정에서는 인주를 손가락에 묻혀 지문을 찍은 뒤 물체에 남은 지문과 비교해 보세요.

 : 지문 채취는 했는데 어떻게 비교하지?

 : 간단하게 구분할 수 있어. 네 지문을 보면 이쪽에 여러 갈래가 있지만, 내 지문에는 없어.

 : 더 많은 사람의 지문을 비교하면 겹치는 지문도 있지 않을까?

 : 인간은 참 복잡해. 우리 새들과는 참 달라.

 : 그건 걱정 마. 선생님이 설명해 줄게!

사람은 선천적으로 모두 다른 지문을 가지고 있습니다. 또한 손에 약간의 상처가 생겨도 지문은 원래 상태로 회복됩니다. 이처럼 지문은 평생 변하지 않는 특성이 있습니다. 쌍둥이라도 지문이 비슷할 수는 있으나 완벽하게 일치하지는 않습니다. 통계학적으로 추산해 보면 지구상의 인구수가 100경京에 이르러도 완전히 동일한 두 개의 지문이 존재할 가능성은 없습니다.

자세히 살펴보면 지문마다 대략적인 윤곽만 다른 게 아니라 **지문의 선들이 갈라지는 지점, 지문의 선이 시작하는 점과 끝나는 점, 지문의 선이 구부러지는 방향, 지문의 선들 사이에 독립적으로 위치한 작은 점 모양** 등 세부적으로도 차이가 있습니다. 이러한 지문의 세부적인 특징들을 **지문의 특징점**이라고 부릅니다.

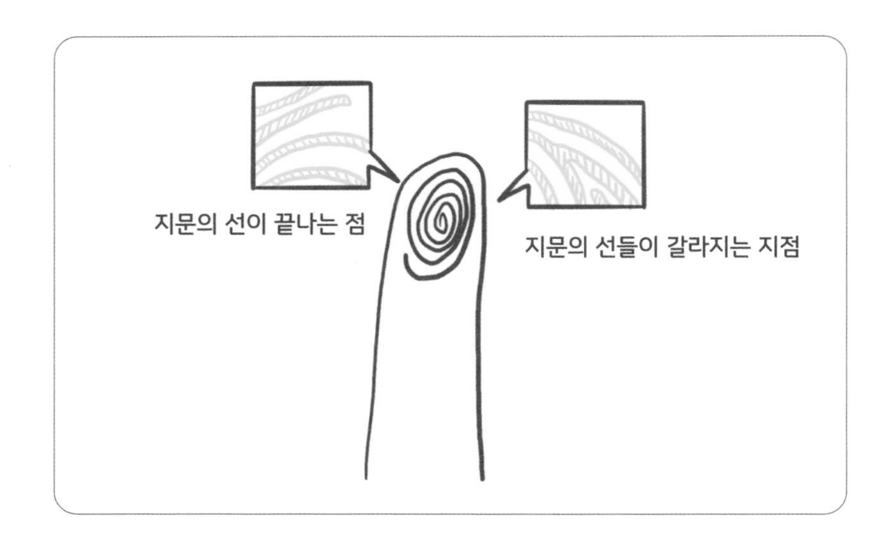

현재 대만에서는 지문의 특징점을 비교하여 지문을 식별하는 방식을 사용하고 있습니다. 지문에 있는 12개의 특징점이 같고 지문의 위치가 서로 일치하면, 두 지문이 서로 같은 지문인 것으로 간주합니다.

사람의 눈이 기계로 분석하는 것만큼 정밀하지는 않지만, 육안으로도 충분히 지문을 비교할 수 있습니다. 3~4개 정도 주요 특징점을 표시하여 이를 기준으로 비교해 보고 지문끼리 서로 일치하는지 확인할 수 있습니다.

 : 물을 흡수하지 않는 가루이기만 하면 된다면, 탄소 가루 말고 다른 재료도 가능할까요?

 : 가만있자…. 얼마 전에 사용했던 핫팩이 있어.

 : 좋아, 이번에는 면봉 대신 자석을 사용해 보자!

머그컵에 지문을 찍은 뒤 강력 자석을 준비해 주세요. 자석이 쇳가루를 직접적으로 끌어당기지 못하도록 키친타월을 몇 번 접어 자석 전면에 놓습니다. 그런 다음 자석을 개봉한 핫팩 가까이에 놓고 자력으로 쇳가루를 끌어당겨 보세요.

쇳가루가 붙어있는 키친타월을 지문이 찍혀 있는 부위에 대고 가볍게 쓸어 줍니다. 이때 너무 세게 문지르지 않도록 주의해 주세요.

몇 차례 쓸어 주다 보면 지문이 나타나는 것을 볼 수 있습니다. 다 쓰고 난 핫팩의 활용도는 다양합니다. 핫팩에 들어있는 금속성 물질을 자석으로 끌어당기면서 다양한 형상을 만들 수도 있고, 핫팩의 쇳가루를 이용해 지문을 채취하는 등 창의적으로 재활용하는 방법도 있습니다.

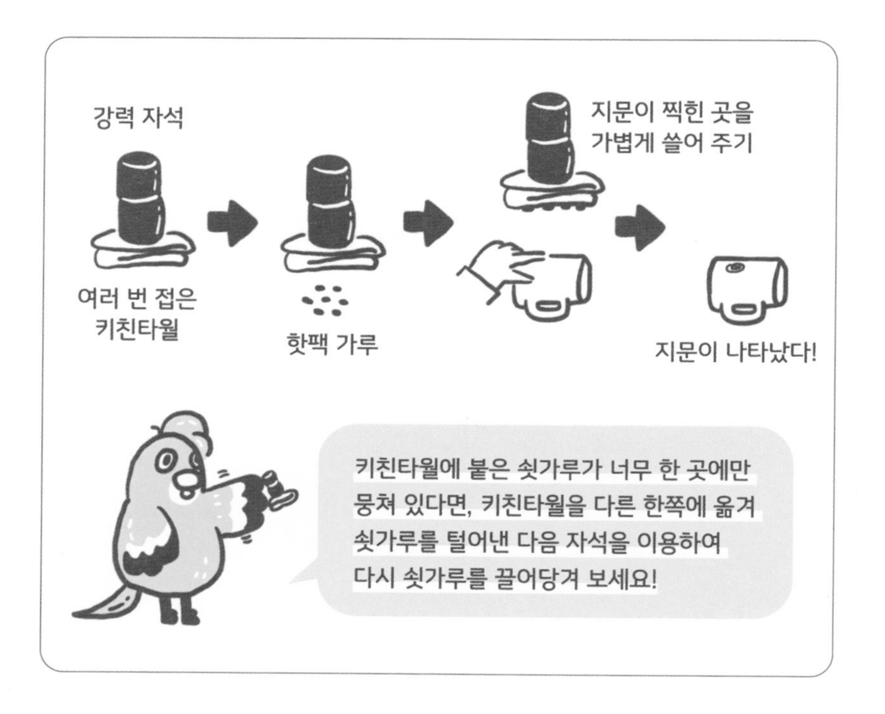

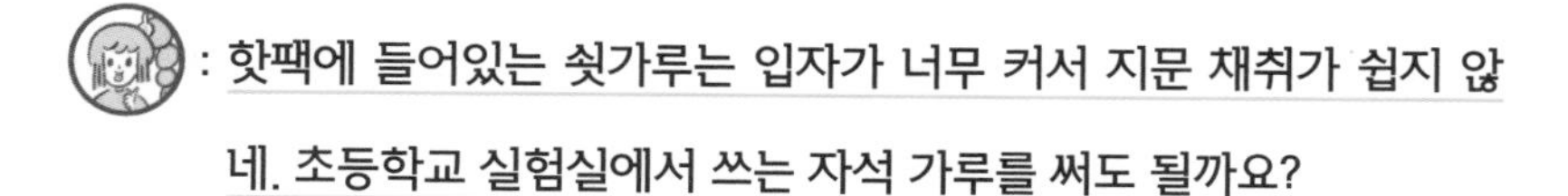

: 핫팩에 들어있는 쇳가루는 입자가 너무 커서 지문 채취가 쉽지 않네. 초등학교 실험실에서 쓰는 자석 가루를 써도 될까요?

: 그것도 괜찮을 것 같아. 그리고 자석을 대나무 젓가락에 붙이면 다루기가 더 쉬워져.

: 젓가락이 펜처럼 생겨서 지문을 채취하기가 더 편리하겠다. 키친타월은 빨대로 바꾸면 어떨까?

: 이번 실험은 매우 성공적이야. 우리가 만든 도구를 경찰서에 판매해도 될 것 같아!

: 그럼 우리 부자 되는 거야?

: 꿈 깨렴. 자성 펜과 자성 분말은 이미 사건 현장 조사에서 사용되는 필수 도구란다.

1) 연필의 탄소 가루나 핫팩에 들어있는 쇳가루 외에도 지문 채취에 사용할 수 있는 재료를 생활 속에서 찾아보세요. 그리고 지문 채취 도구를 새롭게 만들 방법을 연구해 보세요.

2) 인터넷에서 지문 패턴 분류를 검색해 보고, 자신의 지문이 어떤 유형에 속하는지 알아보세요.

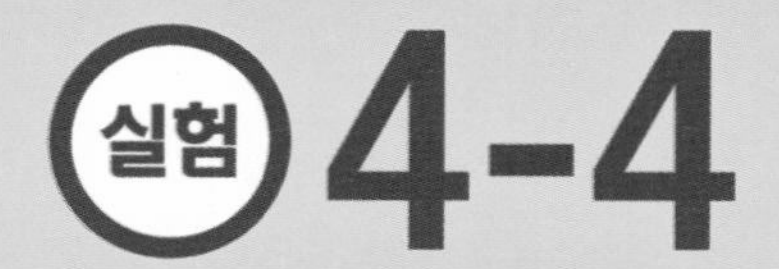

교과 학습 내용

• 물질의 분리와 검증
• 생활 속 과학 응용

순간접착제를 사용해서 숨어 있는 지문 찾아내기

: 방금 그 컵에 물 자국이 있어서 지문의 특징점이 뚜렷하게 나타나지 않네. 어쩌지?

: 책상 주변을 살펴봐. 어쩌면 다른 흔적이 남아 있을지도 몰라.

: 대단한데! 너 명탐정 코난이야?

: 아… 책상이 검은색이라서 탄소 가루를 발라도 지문이 잘 안 보여!

: 검은색 바탕의 물건에는 지문이 흰색이어야지 잘 보이지 않겠어? 마침 아침에 집을 나설 때 신발 밑창이 떨어져서 좋은 아이템을 하나 샀지. 바로 순간접착제!

EXPERIMENT

실험 재료 : 물을 흡수하지 않는 물체(자석 단추, 어두운색 엽서, 작은 플라스틱 조각 등 모두 가능), 순간접착제, 화장지나 키친타월, 뚜껑이 달린 플라스틱 상자

실험 과정 :

❶ 물을 흡수하지 않는 물체에 지문을 찍은 후 플라스틱 상자 안에 넣어주세요. 물체의 양면에 지문을 찍을 경우, 빨래집게로 물체의 가장자리를 집은 뒤 상자 안에 넣습니다. 이렇게 하면 물체가 상자 바닥에 닿지 않아 물체의 양면 모두에서 지문이 나타납니다.
그다음 화장지를 여러 번 접어 플라스틱 상자 안에 넣되, 지문을 찍은 물체와는 접촉하지 않도록 합니다. 이어서 순간접착제를 화장지 위에 짜주세요. 순간접착제를 사용할 때는 피부에 묻지 않도록 반드시 주의합니다. 만일 순간접착제가 피부에 묻었다면 먼저 아세톤(네일 리무버)으로 닦아내고 순간접착제가 묻은 부분이 부드러워지면 깨끗이 씻어 내세요.

❷ 순간접착제가 화장지와 화학 반응을 일으키면서 열을 방출하고, 지문의 흔적과 반응할 수 있는 접착제 증기가 만들어집니다. 따라서 접착제를 화장지 위에 짜낸 후 플라스틱 상자의 뚜껑을 닫고 20분간 가만히 기다려주세요.

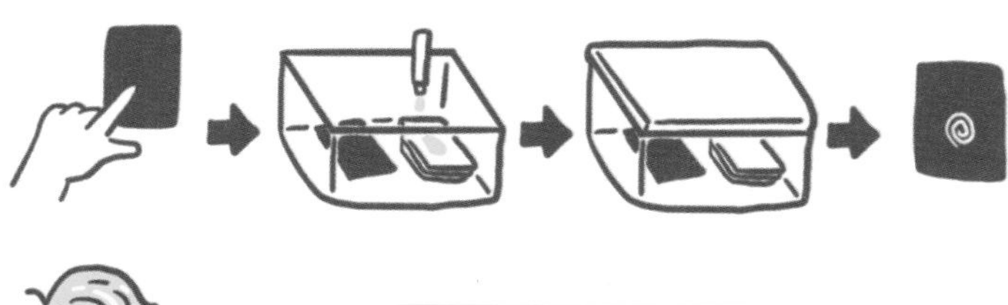

화장지를 꺼낼 때는 뜨거워서 화상을 입을 수 있으니 조심하세요!

 : 와! 하얀색 자국이 지문인가 봐!

 : 만약 지문을 흰 종이에 찍는다면 다른 색으로 지문이 나타나게 만들 수 있을까?

: **그럼 순간접착제에 색소를 섞어볼까?**

: **순간접착제에 색소를 섞는 건 그렇게 간단하지 않아. 하지만 순간 접착제 대신 다른 화학 물질을 사용하면 돼!**

지문을 찍은 자리에 남아 있는 땀 성분을 살펴보면 대부분이 물이고, 나머지는 유지, 아미노산, 염분 등 기타 분비물입니다. 따라서 지문이 찍힌 곳에 가루를 묻히는 방법 외에도, 약품을 사용해 땀 속의 다양한 성분과 반응을 일으켜 색을 생성하는 방법으로도 지문을 드러낼 수 있습니다.

예를 들어 **순간접착제**의 성분 중 시아노 아크릴레이트Cyanoacrylate는 땀과 반응하여 흰색 물질을 생성합니다. **질산은 용액**을 땀이 묻어 있는 곳에 뿌리면 갈색 또는 검은색으로 변하는 반응이 일어납니다. 닌하이드린Ninhydrin이라고도 부르는 **인돌페놀**indolphenol은 물질에 대한 반응성이 높으며, 반응 후 생성물은 보라색을 띱니다. 법의학자들이 백지 위의 지문을 분석할 때 가장 많이 쓰는 물질이 바로 인돌페놀입니다.

가정에서 실험할 때, 순간접착제와 화장지가 반응하여 생기는 열만으로도 충분한 양의 시아노 아크릴레이트 증기가 만들어집니다. 게다가 지문을 채취하려는 물체뿐 아니라 물체를 넣어둔 플라스틱 상자 안에도 지문이 나타날 수 있습니다. 실제로 법의학자들은 중요

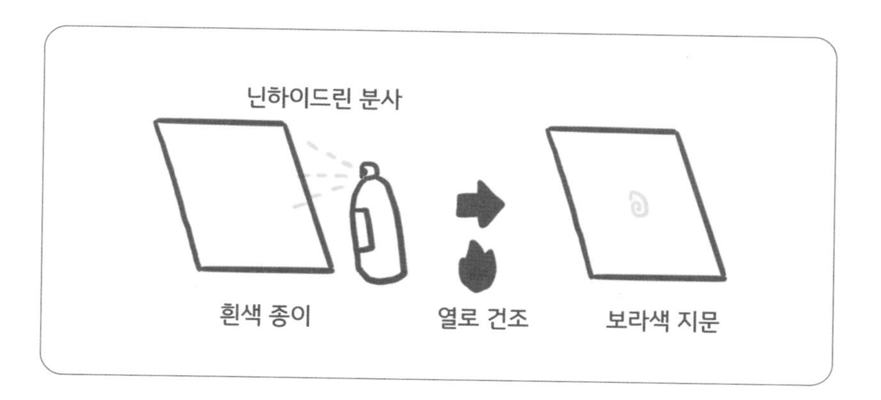

한 단서를 놓치지 않기 위해 오븐으로 가열하는 방법을 사용합니다. 이 과정은 증기를 더 많이 생성하기 때문에 반응도 더 빠르게 일어납니다.

: 사람들은 언제부터 지문으로 신분을 구별할 수 있다는 것을 알게 되었을까?

: 지문 말고 다른 방법을 제시한 사람은 없었을까?

: 눈 사이의 거리, 콧구멍 사이의 거리를 측정하는 방법 같은 것은 들어본 것 같아.

: 어쩐지 좀 이상하게 들리는데?

: 그렇게 말하지 마. 모두 다 인체 측정학의 찬란한 시대에 고안된 것들이니까.

범인을 찾아내는 일은 언제나 경찰 기관의 중요한 임무였습니다. 1880년대에 지문의 특성에 대한 연구가 있기는 했으나, 지문이 개인별로 고유하다는 특성을 명확하게 증명해 줄 결정적인 증거는 찾지 못했습니다. 당시 지문학과 서로 경쟁 관계였던 이론은 알퐁스 베르티용Adolphe Bertillon이 고안한 **인체 측정학**이었습니다. 이 이론에 따르면 사람마다 뼈대와 체형이 다르므로, 같은 키를 가진 사람이라도 앉거나 서거나 신체를 뻗는 등의 동작을 했을 때 신장의 차이가 있다는 겁니다. 특히 두개골의 크기는 중요한 측정 지표였습니다. 이처럼 인체 측정학은 신체와 관련된 여러 데이터를 수집하여 이를 식별의 기준으로 삼았습니다.

인체 측정학의 원리는 지문에 비해 더 직관적이고 이해하기 쉬웠습니다. 베르티용은 신체 관련 데이터베이스를 이용해 가명을 사용하는 상습범 체포에 성공했고, 이를 계기로 큰 명성을 얻었습니다. 많은 경찰 기관들도 베르티용이 개발한 인체 측정학을 신원 확인 방법으로 채택했습니다. 이처럼 당시에는 지문학을 지지하는 사람들이 오히려 소수였습니다.

: **그 시대로 돌아가 지문의 유용성을 설명한다면 나도 천재 학자가 될 수 있을까?**

: 아마도 이유를 설명하지 못해서 베르티용에게 완패하게 될걸?

: 지동설의 사례만 봐도…. 이단으로 몰려 화형을 당할지도 몰라!

: 선구자의 길을 걷는 것은 참 고독한 일이야.

그러나 인체 측정학이 점점 더 널리 사용될수록 그 한계와 문제점도 서서히 드러나기 시작했습니다. 미국의 한 교도소에서 수배 중인 범죄자 윌 웨스트[Will West]의 기록을 작성하다가 윌 웨스트가 같은 감옥에 수감되어 있는 윌리엄 웨스트[William West]와 외모가 매우 비슷하다는 사실을 발견했습니다. 참고로 두 사람은 전혀 만난 적이 없었습니다. 게다가 두 사람의 인체 측정 데이터 역시 거의 유사했습니다. 둘의 차이를 구별할 수 있는 유일한 방법은 지문뿐이었습니다.

이후 점점 더 많은 사건을 통해 지문을 이용한 신원 확인 방법이 더 효율적이라는 사실이 입증되었습니다. 그리고 마침내 지문이 인체 측정학을 대체하게 되었습니다. 현재 과학 기술이 발전하면서 지문, 얼굴 등 **생체 인식 기술**이 3C(컴퓨터, 통신, 소비자 가전) 상품에 널리 활용되고 있습니다.

1) 지문 식별이 없던 시대에는 어떤 방법으로 신원을 확인했을지 상상해 보세요.

2) 과거 대만에서는 남성이 군대에서 신체검사를 받을 때 지문을 찍어 기록으로 남겼으며, 이를 범죄 수사에 사용했습니다. 하지만 개인정보 보호 때문에 이 규정은 폐지되었습니다. 그러다 최근에 불의의 사고나 재난이 발생했을 때 신원을 쉽게 확인하기 위해 전 국민의 지문을 수집하여 데이터베이스를 구축해야 한다는 의견이 제시되었습니다.
이와 관련된 자료를 찾아본 후 '지문은 개인 정보이므로 강제로 공개되어서는 안 된다'라는 입장과 '전 국민의 지문을 기록으로 남겨야 한다'라는 입장 중 어느 쪽을 지지하는지 말해 보세요.

교과 학습 내용

- 물질의 반응 규칙
- 산화 환원 반응

비타민C가 세정제로 위장한 비밀을 밝혀내다

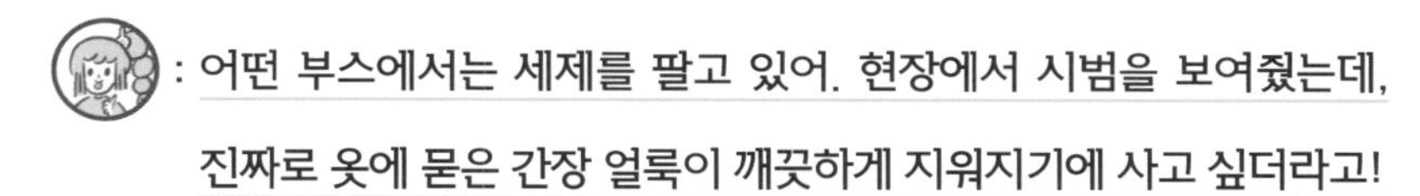

: 어떤 부스에서는 세제를 팔고 있어. 현장에서 시범을 보여줬는데, 진짜로 옷에 묻은 간장 얼룩이 깨끗하게 지워지기에 사고 싶더라고!

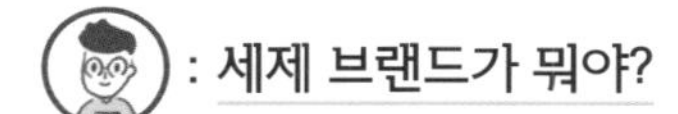

: 세제 브랜드가 뭐야?

: 자체적으로 만든 세제래. 특허받은 초활성 물질이 들어있어서 빠르게 얼룩을 분해해 준대.

: 사기 치는 말처럼 들리는데?

: 자자, 사기인지 아닌지 실험을 통해 밝혀보자!

EXPERIMENT

실험 재료 : 요오드 용액, 비타민C 알약, 흰색 손수건, 칫솔, 물, 투명한 용기

실험 과정 :

❶ 물 두 컵을 준비합니다. 그중 한 컵에는 요오드 용액을 떨어뜨려 간장색 용액으로 만들고, 다른 한 컵에는 비타민C 알약을 부순 가루를 녹여주세요.

❷ 흰 손수건에 요오드 용액을 조금 뿌려 얼룩을 만들어 주세요.

❸ 칫솔에 세제 대신 비타민C를 녹인 용액을 묻혀 얼룩이 생긴 부분을 비벼주면 갈색 얼룩이 곧바로 사라집니다. 그렇다면 비타민C가 간장 얼룩을 제거하는 초강력 세제일까요?

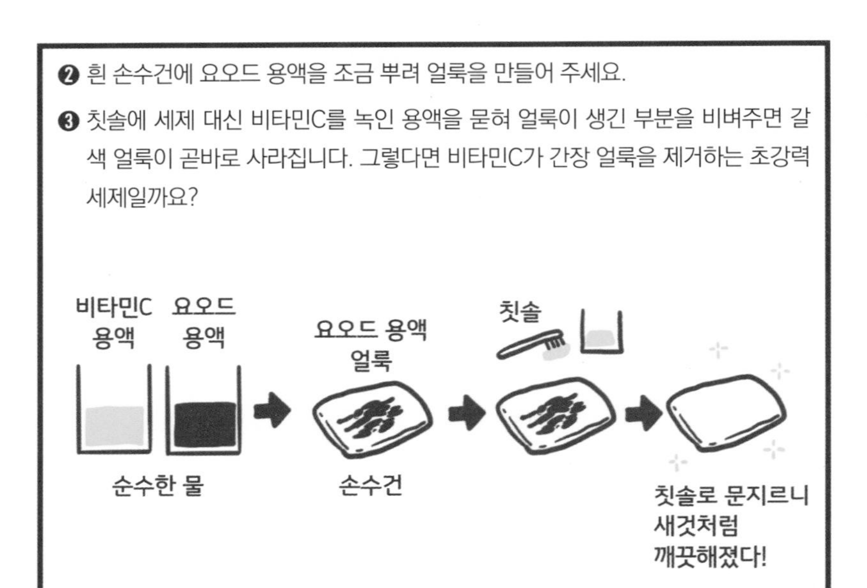

 : 우와! 그 부스에서 봤던 것만큼 얼룩 제거 효과가 좋은데?

 : 간장 때문도 아니고, 세제 때문도 아니라면 범인은 혹시… 화학 반응?

 : 진실은 오직 하나!

 : 탐정 여러분, 설명을 들을 준비 되셨나요?

요오드는 물속에서 다양한 형태로 존재하며, 그에 따라 다른 색을 나타냅니다. 예를 들어 요오드 용액을 희석한 용액에서 나타나는 갈색은 삼요오드화 이온으로, 이것을 갈색 요오드라고 부릅시다. 그리

고 요오드 용액을 희석한 용액에 비타민C를 넣게 되면 무색 용액이 되는데, 여기에도 요오드 이온은 포함되어 있습니다. 우리는 이것을 무색 요오드라고 부릅시다. 이처럼 갈색 요오드와 무색 요오드는 **산화 환원 반응**을 통해 **상호 변환**될 수 있습니다.

산화 반응과 환원 반응은 항상 함께 일어나기 때문에, 갈색 요오드가 무색 요오드로 환원되는 동시에 비타민C는 산화 반응을 일으킵니다. 다시 말해 비타민C의 산화가 갈색 요오드의 환원 반응을 촉진하므로, 비타민C는 **환원제**라고 말할 수 있습니다. 반대로 갈색 요오드는 비타민C의 산화를 촉진하는 **산화제** 역할을 합니다. 왜냐하면 갈색 요오드가 없으면 비타민C도 산화 반응을 일으키지 못하기 때문입니다.

: 이 원리를 이해하면서 떠오른 아이디어가 있어. 발포정으로 실험해 보자.

: 발포정이 뭐 특별한 것이라도 있어?

: 발포정은 색을 제거하고 거품을 만들어 내는 효과가 있기 때문에 홍차를 탄산음료처럼 변신시키는 마법을 부릴 수 있어.

: 그렇다면 탄산음료를 홍차로도 바꿀 수 있어. 과산화수소수만 있으면 돼!

산화 환원 원리에 의한 요오드 용액의 색깔 변화는 눈으로 관찰할 수 있으며, 요오드 용액의 이런 특성을 이용해 창의적인 실험을 다양하게 할 수 있습니다. 이를테면 다목적 세제 만들기, 홍차를 탄산음료로 변신시키기, 글자가 보이지 않는 책 만들기 등입니다. 비타민C는 건강식품뿐 아니라 신선한 과일에도 풍부하게 들어있기 때문에 비타민C 알약 대신 과일 주스로도 실험이 가능합니다. 또한 요오드 용액의 색깔 변화 실험에 필요한 과일 주스 양을 측정함으로써 과일에 함유된 비타민C의 양을 추정할 수 있습니다.

무색 요오드를 다시 갈색 요오드로 산화시키려면 산화제가 필요합니다. 구급상자에 들어있는 **과산화수소수**를 사용하면 요오드가 갈색에서 무색으로 변한 뒤 다시 무색에서 갈색으로 변하는 순환 반응을 관찰할 수 있습니다. 다만 가정용 과산화수소수는 농도가 낮아서 실험에 사용하려면 많은 양이 필요합니다. 따라서 약국에서 판매하는 고농도 과산화수소수를 사용하는 것이 더 효율적입니다. 하지만 고농도 과산화수소수는 **부식성**을 가지고 있으므로 사용 시 반드시 장갑과 보호 안경을 착용하는 등 주의를 기울여야 합니다.

: 농도가 10% 이상인 과산화수소는 매우 강한 산화제이므로 사용할 때 반드시 주의해야 해!

: 지금 당장 그 부스에 과산화수소수를 가지고 가서 그들의 거짓말을 밝혀내겠어!

: 잠깐만! 고농도 과산화수소수의 부식성보다 지금 네 행동이 더 위험해!

: (화제를 돌리며) 산화 환원의 원리에 따라 요오드 용액의 색 변화를 일으킬 수 있는 다른 물질도 있겠죠? 선~생~님! (큰 소리로 부른다)

: 일반적인 환원제라면 다 가능해.

: (다시 돌아오며) 만약 두 가지 물질과 모두 반응하게 되면요?

: (휴, 다행이다)

어떤 특정 물질을 검사할 때 **그 물질에 포함된 다른 성분들이 반응에 개입**하여 실험 결과에 큰 영향을 미치기도 합니다. 예를 들어 요오드 용액의 색이 변하는 현상은 비타민C로 인한 결과일 수도 있지만, 다른 환원제 때문일 수도 있습니다. 따라서 어떤 과일 주스가 요오드 용액의 색을 빠르게 변화시켜도, 그 주스에 비타민C가 많이 함유되어 있다고 단정 짓기는 어렵습니다.

가령 코로나바이러스감염증-19를 검사할 때 사용되는 신속항원검사 키트는 특정 **항체와 항원** 간의 반응을 이용해 제작되며, 다른 물질로 인한 반응의 간섭을 최소화합니다. 신속 항원 검사 시, 검체 내에 코로나바이러스가 존재하면 바이러스 표면에 있는 항원이 신속항원 검사 키트의 항체와 반응하여 양성 결과를 보여줍니다. 만일 검체에 코로나바이러스가 없으면 항체와 항원 간의 반응이 일어나지 않아 음성 결과가 나타납니다.

생물학적 특성 및 질병을 검사(예: 혈액검사, 알레르기 검사, 감염성 질병 검사 등_역주)할 때도 특정 항원과 특정 항체가 서로 결합하는 **특이성**을 이용합니다. 이 방식은 산화 환원 반응을 이용한 검사보다 더 정확한 편이지만, 검사 항체가 다른 항원과 반응하여 진단 오류를 일으키는 경우도 여전히 존재합니다.

: 최근에 대형마트에서 세제를 사용해 얼룩을 제거하는 과정을 시연하는 걸 본 적이 있어. 앗…(불현듯 말을 잘못 꺼냈음을 직감한다).

: 거기가 어디야? 빨리 말해! 과산화수소수를 가져가서 정의 실현을 하겠어!

: 겨우 말렸는데 또 말을 꺼내다니! 못 살아, 정말!

1) 요오드 용액 한 컵을 삼등분으로 나눠주세요. 그런 다음 집에 있는 과일 중 즙을 낼 수 있는 과일 세 가지를 골라 즙을 내주세요. 삼등분으로 나눈 요오드 용액에 각각의 과일즙을 몇 방울씩 떨어뜨려 주세요. 그리고 어떤 과일즙에 비타민C 함량이 가장 많은지 확인해 보세요.

2) 과거 분유에 멜라민을 첨가하여 영아들의 건강을 해친 사건이 있었습니다. 이 사건이 폭로되면서 여러 성인용 분유에도 멜라민이 첨가되었다는 사실이 밝혀졌습니다. 멜라민 첨가가 분유 성분 검사에 미치는 영향을 조사해 보고, 왜 이런 첨가물을 사용하게 되었는지 설명해 보세요.

과학 칼럼 〉 눈에는 보이지 않는 것들: 원자, 분자, 아원자

존 돌턴은 원자설을 고안했을 때 모든 원소가 원자로 구성되어 있다고 상상했습니다. 이를테면 산소는 한 개의 산소 원자로, 수소는 한 개의 수소 원자로 이루어져 있다고 생각했습니다. 이 독특한 개념은 과학계에 큰 반향을 일으켰습니다. 그리고 새로운 발견이 있을 때마다 항상 원자설에 입각하여 해석이 이루어졌습니다. 대표적으로 게이뤼삭Gay-Lussac이 그러했습니다.

게이뤼삭은 기체들이 서로 반응할 때 같은 온도와 압력을 유지한다는 조건에서 기체들의 부피가 간단한 정수 비율로 나타난다는 사실을 발견했습니다. 예를 들어 2L의 수소 기체와 1L의 산소 기체가 반응하면 2L의 수증기가 생성됩니다. 이 말은 즉 수소, 산소, 수증기의 부피 비율이 2:1:2이라는 것을 의미합니다. 게이뤼삭은 원자론적 관점에서 자신의 이론을 설명해야 한다면 '같은 부피의 기체는 같은 수의 원자를 가진다'라는 논리가 가장 합리적이라고 생각했습니다.

하지만 이 논리에 따라 반응물과 생성물의 부피 비율이 2:1:2가 되려면 반응물인 수소 원자와 산소 원자는 생성물 내에서 두 부분으로 나뉘어야 합니다. 그러나 원자는 더 이상 쪼갤 수 없는 입자입니다. 게다가 산소 원자는 원래 하나뿐인데 어떻게 반응 후 두 부분으로 나뉜 것일까요?

이 문제에 큰 관심이 있던 이탈리아 화학자 아메데오 아보가드로Amedeo Avogadro는 고민 끝에 다음과 같은 결론을 내렸습니다. 이 문제는 존 돌턴이 말한 '산소 자체가 하나의 산소 원자다'라는 주장을 '**산소는 두 개의 산소 원자로 구성되어 있다**'로 바꾸면 설명이 가능해집니다.

그리하여 아보가드로는 1811년에 원자 개념에 '**분자**'라는 단위를 새롭게 추가했습니다. 그는 산소, 수소 등의 원자들이 결합하여 이루어진 물질을 분자라고 불렀습니다.

아보가드로는 분자라는 새로운 명칭을 제안한 후, 기체 화합물의 부피 법칙을 새롭게 재해석했습니다. 그는 기체가 반응 과

존 돌턴

기체 반응을 연구하는 게이뤼삭

아메데오 아보가드로

정에서 고정된 부피 비율을 유지하는 이유는 **같은 온도와 압력에서 같은 부피의 기체는 같은 수의 분자를 가지고 있기 때문**이라고 생각했습니다.

안타깝게도 아보가드로는 살아있을 때 자신의 생각을 인정받지 못했습니다. 그가 세상을 떠난 뒤 이탈리아 과학자 스타니슬라오 칸니차로Stanislao Cannizzaro가 그의 생각을 인용하면서 과학계의 주목을 받게 되었습니다.

존 돌턴, 아보가드로가 제시한 이론들은 과학자들이 분자와 원자의 관점에서 연소, 기체 반응과 같은 다양한 현상을 설명할 수 있는 이론적인 근거가 되었고, 이를 바탕으로 화학 분야가 크게 발전하게 되었습니다.

19세기 말, **음극선 관**Cathode ray tube, CRT은 과학계에서 유행했던 연구 주제 중 하나였습니다. 음극선을 만들려면 먼저 유리관 안의 공기를 거의 모두 빼내 진공에 가까운 상태를 만들어야 합니다. 그리고 유리관의 내부 벽에는 형광 물질을 바릅니다. 그다음 전극을 설치하고 고전압을 가하면 전자들이 방출되는 경로인 음극선을 관찰할 수 있습니다. 음극선은 전기장과 자기장의 영향에 따라 방향이 변하는 특징이 있습니다. 조셉 존 톰슨Joseph John Thomson은 이러한 데이터를 바탕으로 계산을 하여 1895년에 다음과 같은 결론을 내렸습니다. "금속의 종류와 상관없이 모든 금속에서 방출되는 음극선은 동일하다."

이 말은 세상에 원자보다 더 작은 입자가 존재하며, 특정 장치를 통해 원자로부터 이 입자를 방출시킬 수 있음을 의미했습니다. 톰슨은 음전하를 띠는 이 입자를 '**전자**electron'라고 명명했습니다. 과학사 최초로 원자 안에 더 작은 입자가 존재한다는 개념이 제시됨에 따라, '원자는 더 이상 쪼개질 수 없다'는 존 돌턴의 이론이 완전히 뒤집혔습니다. 그로 인해 톰슨은 '원자를 쪼갤 수 있는 남자'라는 별명을 얻게 되었습니다.

톰슨의 제자 어니스트 러더퍼드Ernest Rutherford는 원자 안에 원자핵이 존재하며, 그 핵 안에는 양전하를 띠는 양성자proton가 있다는 것을 발견했습니다. 또한 러더퍼드의 제자 제임스 채드윅Sir James Chadwick은 원자핵 안에 양자 외에도 중성자가 존재한다는 사실을 발견했습니다. 이후 과학자들은 양성자와 중성자가 사실은 쿼크라는 더 작은 입자로 구성되어 있다는 것을 알아냈습니다. 우리는 이처럼 원자보다 더 작은 입자들을 '아원자'로 분류합니다. 정리하면, 눈으로 직접 볼 수 없는 미시적 세계에는 **분자, 원자 그리고 원자보다 더 작은 아원자**가 존재합니다.

이전 장에서 언급된 아레니우스의 산·염기 정의에 따르면, 물속에서 수소 이온(H^+)을 생성하는 것은 산이고, 수산화 이온(OH^-)을 생성하는 것은 염기입니다. 사실 여기서 등장하는 **'+'와 '–' 기호에는 아원자가 숨어 있습니다.** 산을 예로 들어보겠습니다. 원래 수소는 1개의 전자를 가진 중성 원자로, 'H'로 표시됩니다. 하지만 수소가 전자를 잃으면 음전하를 잃는 것이므로, 남은 수소 이온은 양전하를 띄는 'H^+'로 변하게 됩니다.

생수 광고에서 자주 보이는 H_2O라는 표시는 물 분자를 나타냅니다. 분자는 원소 기호와 숫자를 사용하여 물 분자 안에 포함된 원자의 종류와 개수를 나타냅니다. 수소는 H, 산소는 O로 표시되며, H_2O는 물 분자 안에 2개의 수소 원자와 1개의 산소 원자가 포함되어 있다는 뜻입니다.

원자설부터 전자와 원자핵의 발견에 이르기까지 과학자들은 화학 반응 연구에 그치지 않고 이러한 입자들이 가진 공통점을 탐구함으로써 후에 등장하는 양자 이론의 기초를 마련했습니다. 앞으로 일상에서 이런 원소 기호들을 발견하게 되면 과거의 과학자들에게 경의를 표합시다!

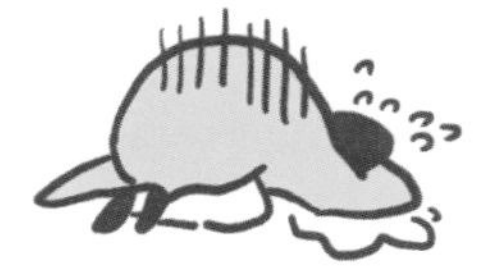

제5단원

병을 이용한 다양한 과학 실험

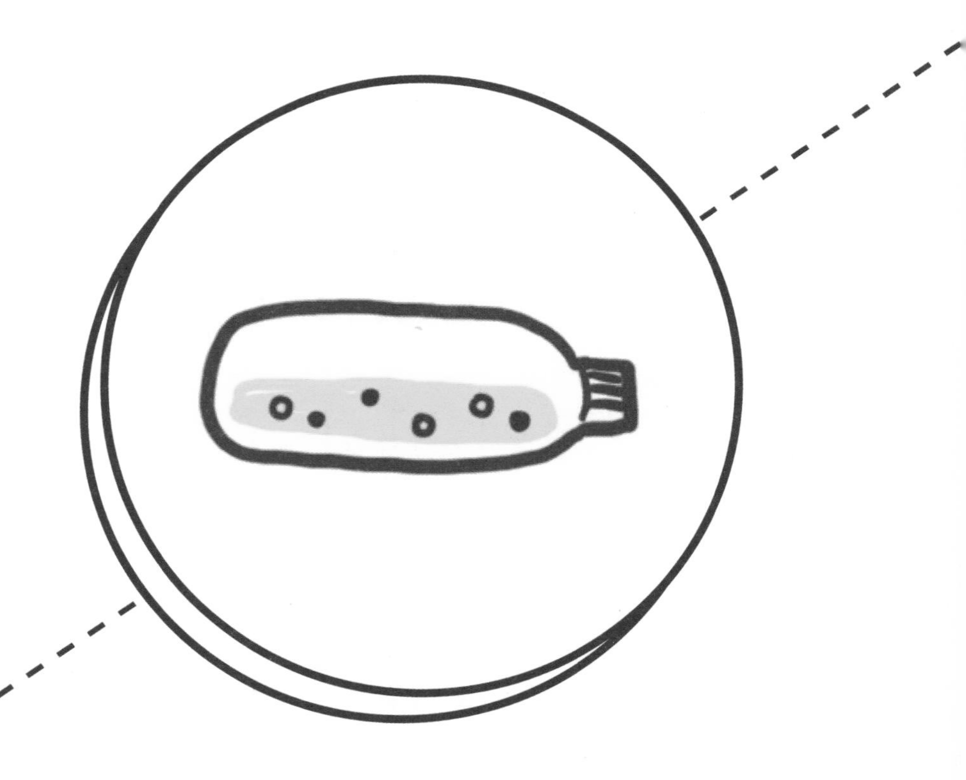

BOTTLE+ELECTROLYSIS

실험 횟수가 늘어나면서 예나의 성적도 점차 향상되었습니다. 예나와 성진은 종종 다른 친구들을 데리고 실험을 했는데, 그때마다 테이블 위에는 용기들이 한가득 널브러져 있었습니다.

"흠, 병 하나로 할 수 있는 실험이 없을까?"

동방왕 선생님이 씨익 미소를 짓자 무무가 말했어요. "동방왕의 실험은 손에 재료가 있을 때 바로 시작해야 해. 병을 주워오자!"

마지막 단원에서는 전지 대신 충전 케이블로 전기 분해 실험하기, 다 쓰고 난 라이터 분해하기, 흔들면 색이 변하는 병 만들기, 폭발 효과 만들기, 알코올 총 만들기 그리고 공중에서 병을 압착하여 자원을 재활하는 방법에 대해 배워봅시다.

START

실험 5-1

교과 학습 내용
- 수용액 안에서 일어나는 변화
- 산화 환원 반응

전기 분해로 산화 환원 반응 일으키기

: 축제 부스를 정리하다가 주운 요오드 용액을 보니, 사기당한 게 생각나서 화가 나!

: 일단 진정해. 앉아서 드라마나 보자.

: 좀 전에 게임하느라 배터리가 방전됐어.

: 그럼 이걸로 충전해. (충전 케이블을 건네준다)

: 어라, 이건 요오드 용액과 충전 케이블이잖아! 흐흐흐.

: 두 사람, 그대들의 숙명을 받아들이고 실험 재료를 내놓도록!

EXPERIMENT

실험 재료 : 버리는 충전 케이블, 커터칼, 연필심(또는 압정), 요오드 용액, 레몬, 적당한 크기의 용기

실험 과정 :

❶ 요오드 용액이 투명해질 때까지 레몬즙(또는 비타민C가 들어있는 다른 용액)을 조금씩 떨어뜨려 주세요. 이 과정에서 비타민C를 너무 많이 넣지 않도록 주의하세요.

❷ 충전 케이블의 끝부분(전기장치와 연결하는 부분)을 잘라내 주세요. 그다음 전선을 싸고 있는 피복을 벗겨 주면 가느다란 양극 및 음극 전선이 드러납니다. 이어서 양극 및 음극 전선의 피복을 약 3cm 벗겨내면 내부의 구리선이 드러납니다.

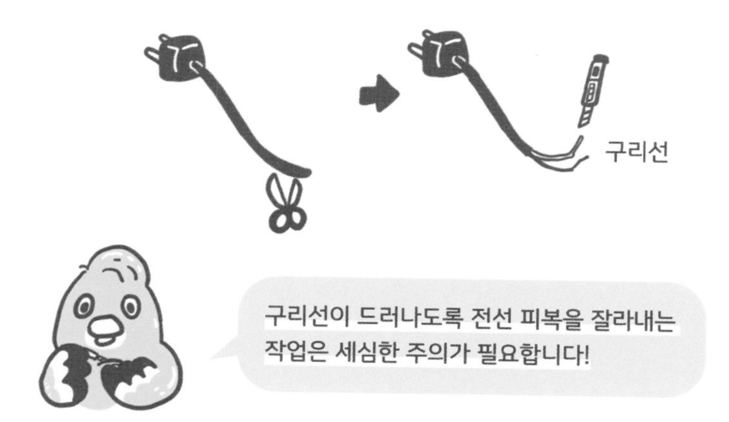

❸ 구리선의 양 끝을 각각 연필심(또는 압정)에 감아 두 개의 전극으로 사용합니다.

설명 : 굵은 2B 연필심이나 일반 연필심을 사용하면 갈색 산화물이 생기는 것을 볼 수 있습니다. 만일 압정을 전극으로 사용할 경우 압정도 반응에 참여하기 때문에 반응 시간이 더 길어져 갈색 산화물과 함께 녹색 산화물도 함께 관찰할 수 있습니다.

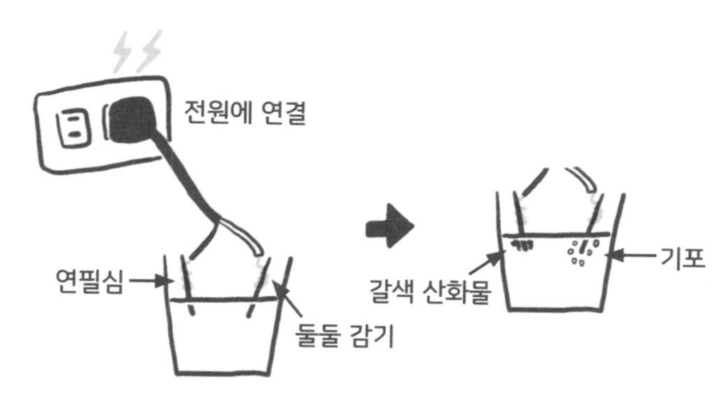

❹ 두 전극을 투명한 요오드 용액에 넣은 다음, 양극의 금속이 서로 닿지 않는 것을 확인해 주세요. 단락 위험을 방지하기 위함입니다. 그런 다음 콘센트에 연결하여 전기를 흘려보내 주세요.

❺ 전극을 관찰해 보세요. 전극의 한쪽 부분에서 요오드 용액이 무색에서 갈색으로 변하는 것을 볼 수 있습니다.

: **전기가 흐르면서 색이 변한 것이니, 이건 산화 환원 반응인 거지?**

: **너 수업 제대로 안 들었지? 당연히 산화 환원 반응이지.**

: **그런데 요오드 용액 속에 넣은 비타민C와 전기에는 산소가 없잖아.**

: **하하하! 산화 환원 반응에 꼭 산소가 있어야 하는 건 아냐.**

: **좀 더 넓은 의미에서 산화 환원 반응의 정의에 대해 이야기해 보자.**

우리는 이전 실험에서 요오드 원소가 산화 환원 반응을 통해 형태가 변하고 여러 가지 색으로 나타난다는 사실을 알게 되었습니다. 하지만 그 과정에서 산소 원소가 요오드와 결합하지는 않았습니다. 넓은 의미에서의 산화 환원 반응은 단순히 산소 원소의 이동만을 의미하는 것이 아니라, **물질이 전자를 얻거나 잃는 현상**을 의미합니다. **물질이 전자를 잃을 때를 산화**라고 부르고, **물질이 전자를 얻을 때를 환원**이라고 부릅니다. 그러므로 전지 내부에서 일어나는 전자의 이동

역시 산화 환원 반응에 속합니다.

용액에 전류를 흘려보내면 전극 양쪽에서 서로 다른 전기화학 반응이 일어납니다. **한쪽에서는 전극에서 용액으로, 다른 한쪽에서는 용액에서 전극으로 전자가 이동**하게 됩니다. 전원의 음극(일반적으로 검은색 전선)에서는 전자가 용액으로 이동하고, 이 전자들은 물과 반응하여 수소 기체로 환원되고, 이 과정에서 전극 주변에 작은 기포들이 생깁니다. 무색의 요오드는 양극(일반적으로 빨간색 전선)에서 전자를 잃고 산화되어 원래의 갈색 요오드로 돌아갑니다. 이처럼 약품을 첨가하지 않고 전기를 이용해 산화 환원 반응을 일으키는 현상을 **전기분해**라고 부릅니다.

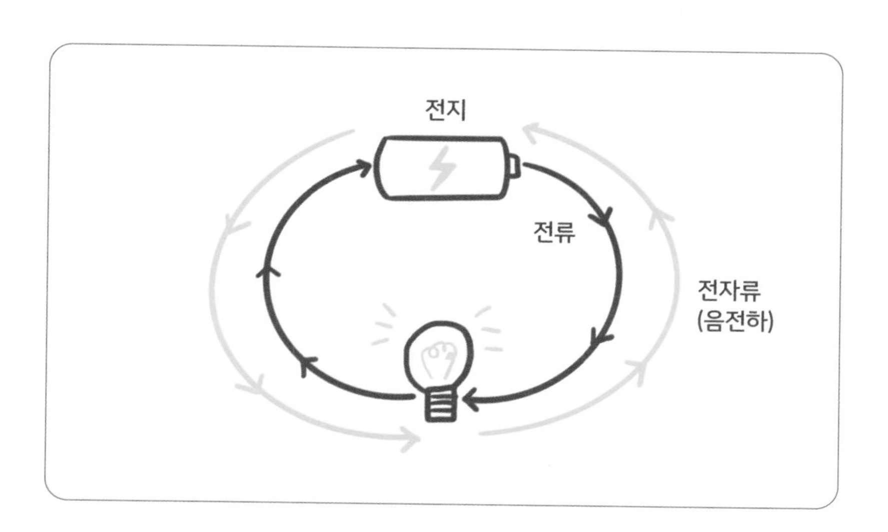

: 그러니까 전류가 통하면 산화 환원이 일어난다는 말이야?

: 맞아, 전기분해는 비자발적으로 일어나는 반응이야.

: 도와줘요! 외계어 좀 해석해 주세요!

: 삐뽀삐뽀! 동방왕이 도와줘야겠어!

: 어쩌다 내가 화학을 가르쳐주다가 번역까지 맡게 된 거지?

소금의 주성분은 염화나트륨이며, 여기에 포함된 나트륨 이온도 전기분해를 통해 나트륨 금속으로 환원될 수 있습니다. 하지만 나트륨은 활성이 매우 높아 물과 만나면 쉽게 반응합니다. 따라서 전기분해를 통해 나트륨 금속을 얻으려면 액체 상태의 염화나트륨 $NaCl(\ell)$을 사용해야 염소 이온이 산화되고 나트륨 이온이 환원되어, 염소 기체와 나트륨 금속을 얻을 수 있습니다.

: 생각났어. 나트륨이 물에 떨어뜨리면 치익치익 소리를 내며 사라지는 금속 맞지?

: 맞아. 나트륨 금속은 물과 반응해서 수소 기체를 만들어 내. 이것도 산화 환원 반응이야.

: 이거랑 관련해서 특별한 암기법이 있었던 것 같은데.

: 금속의 활성 순서를 말하는 거야? 나트륨, 마그네슘, 알루미늄, 탄소, 망간, 아연, 크롬, 철….

: 금속의 활성 순서와 관련해서 할 이야기가 아주 많단다!

과학 교과서에 나오는 활성 순위표는 물질이 공기 중에서 산소와 결합하는 능력(광의적 의미의 산화)에 따라 높은 순서에서 낮은 순서로 나열한 표입니다. 활성이 클수록 해당 원소가 쉽게 산화된다는 것을 의미합니다.

전기분해가 아닌 어떤 금속 산화물로부터 순수한 금속을 추출하려면 해당 산화물보다 활성이 더 큰 물질과 반응시켜야 합니다. 예를 들어 산업 현장에서는 철광석(산화철)에 탄소를 섞어 산화철을 금속 철로 환원시킵니다. 그러나 탄소는 알루미늄보다 활성이 낮기 때문에 같은 방법으로는 알루미늄 광석에 들어있는 산화알루미늄을 금속 알루미늄으로 환원하는 것이 불가능합니다.

(수용액 내에서 일어나는 반응의 경향성은 고등학교 화학에서 배우는 산화 환원 전위를 참고하세요. 본문에서는 초·중등 학생이 이해하기 쉽도록 활성 순위표를 사용하여 설명합니다. 산화 환원 전위와 활성 순위표는 약간의 차이가 있지만, 기본적으로는 비슷한 순서로 금속의 활성을 나타냅니다._역주)

활성 순위표 :

칼륨 > 세슘 > 나트륨 > 마그네슘 > 알루미늄 > 탄소 > 망간 > 아연 > 크롬 > 철 > 코발트 > 니켈 > 주석 > 납 > 수소 > 구리 > 수은 > 은 > 백금 > 금

지각을 구성하는 성분 중 가장 풍부한 금속 원소는 **알루미늄**입니다. 알루미늄은 활성이 매우 크기 때문에 금속 나트륨과 마찬가지로 전기분해 방식으로 광석에서 분리 추출할 수 있습니다. 하지만 알루미늄 광석은 녹는점이 매우 높아서 알루미늄을 제련하는 비용이 매우 비쌌습니다. 그러다가 찰스 마틴 홀Charles Martin Hall이 빙정석을 알루미늄 광석의 용해를 촉진하는 용융제로 사용하는 방법을 발견하여, 금속 알루미늄 생산 비용이 크게 줄어들었습니다. 그 덕분에 알루미늄이 각종 건축 재료나 일상용품에 널리 사용되기 시작했습니다. 지금은 상상하기 어렵지만, 찰스 마틴 홀의 알루미늄 추출법이 개발되기 전에는 알루미늄이 금보다 더 비쌌습니다.

 : 알루미늄 문과 창문을 모두 떼서 등에 짊어지고 떠나고 싶어.

 : 알루미늄 문과 창문을 등에 짊어지고 여행을 간다고? 인간은 참 희한한 생물이야.

: 시간 여행을 떠날 거야. 찰스 마틴 홀의 방법이 발명되기 전 시대로 가서 알루미늄을 팔면 엄청난 돈을 벌 테니까!

 : 그보다도 찰스 마틴 홀보다 먼저 알루미늄 제련의 대가가 되는 게 낫지 않겠어?

1) 이산화탄소 소화기로 불꽃놀이용 폭죽에서 발생한 불을 끌 수 없는 이유를 금속의 활성 원리를 바탕으로 설명해 보세요.

2) 산화 환원 반응은 언뜻 보기에 산소 원소와 관련이 있는 것처럼 보이지만, 넓은 의미에서 보면 전자의 이동과 밀접하게 연관되어 있습니다. 전자 이동의 관점에서 산화 환원 반응을 설명해 보고, 이를 산소 원소의 이동에 기반한 산화 환원 반응과 비교하여 어떤 장점이 있는지 말해 보세요.

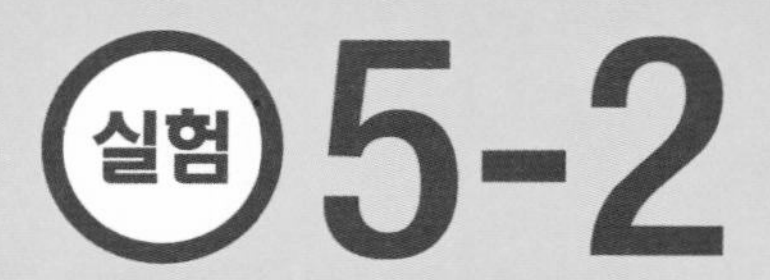

교과 학습 내용

- 산화 환원 반응
- 산·염기 반응

흔들면 색이 변하는 병. 산화 환원의 반복

: 전기분해 실험이 재미는 있는데 내 전원 케이블이….

: 지금 슬퍼하고 있을 때가 아냐. 여기에 치워야 할 쓰레기가 너무 많아. 페트병 줍기는 네 담당이야.

: 이럴 때 페트병으로 할 수 있는 실험이 있었으면….

: 물론 있지. 어서 페트병을 들고 오렴!

EXPERIMENT

실험 재료 : 변기 막힘 제거제(건조형, 수산화나트륨 성분), 포도당, 식용 파란색 색소(식용 색소 청색 제1호), 페트병, 적당한 크기의 용기 및 섞는 도구

실험 과정 :

❶ 물 200g에 변기 막힘 제거제 4g과 포도당 5g을 넣고 완전히 녹을 때까지 저어 주세요. 실험 재료 분량은 페트병 크기에 비례하여 조정할 수 있으며, 물의 양은 페트병의 1/3~1/2 정도가 적당합니다.

❷ 잘 섞은 용액을 페트병에 붓고 파란색 색소 1방울을 넣어 흔들어 주세요. 색소를 너무 많이 넣으면 반응 효과가 줄어듭니다. 눈으로 용액의 색이 보일 정도면 충분합니다.

❸ 잠깐 그대로 놔두면 용액의 색이 점차 바래집니다. 이때 페트병을 흔들어 병 속의 산소가 용액에 섞이도록 해주면, 산화 작용으로 인해 용액의 색이 다시 파란색으로 변합니다. 이처럼 색이 옅어졌다 진해졌다 하는 과정은 몇 차례 반복이 가능합니다. 색 변화 효과가 떨어지면 병뚜껑을 열고 산소를 보충해 주세요. 만약 그래도 여전히 색 변화가 나타나지 않는다면 다시 색소를 떨어뜨려 반응물을 보충해 주세요.

❹ 하룻밤 동안 가만히 놔두면 포도당이 반응에 소모되어 용액은 황금색을 띠게 됩니다. 이때 색소를 추가하면 황금색으로 변했다 녹색으로 변했다 하는 색상 변화를 관찰할 수 있습니다. 만약 색이 변하는 순환 과정이 일어나지 않으면 처음부터 다시 새 용액을 만들어서 실험을 진행하세요.

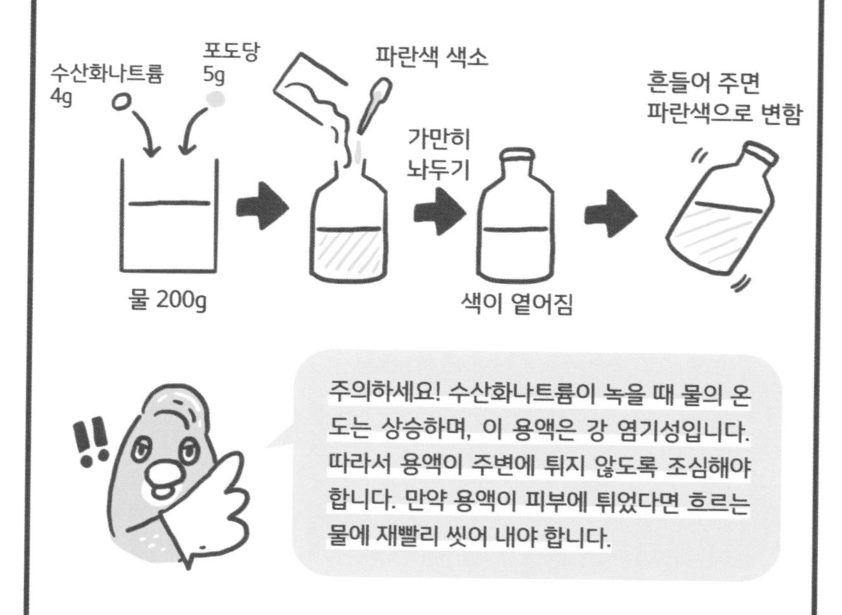

: 이것도 산화 환원 반응이라면, 어느 색이 산화 상태인 걸까?

: 어떤 행동이 산화를 촉진하고, 용액의 색은 또 어떻게 변했는지 생각해 보렴.

: 아하. 기체를 넣고 흔들 때 용액이 무색에서 파란색으로 변했으니까, 산화가 되면 파란색으로 변하는 것이겠네요.

: 그럼 환원되면 무색이 되는 건가요?

: 정답이야!

위 실험 과정 중 세 번째 단계에서 용액을 흔들자 공기 중의 산소가 용액 속에 섞여 들어가 무색이었던 용액이 파란색으로 변합니다. 따라서 이 실험에서는 무색의 물질이 산화되어 파란색을 띠게 된다고 추정할 수 있습니다. 한편 처음에 파란색이었던 물질은 염기성 용액에서 포도당과 반응하여 무색으로 환원됩니다. 이 반응은 특별히 다른 물질을 추가하지 않아도 용액을 흔드는 것만으로 파란색과 무색 상태를 반복적으로 오가며 색이 변하는 것을 관찰할 수 있으며, 이를 **진동 반응**이라고 부릅니다.

그러나 모든 물질이 산화 환원 반응을 할 수 있는 것은 아니며, 산화 환원이 일어난다고 해서 반드시 색이 변하는 것은 아닙니다. 식용 색소 중에 파란색만이 이러한 효과를 가지고 있으며, 대표적으로 브

릴리언트블루에프시에프Brilliant blue FCF로 불리는 청색 제1호가 있습니다. 만일 가정에 식용색소 청색 제2호(인디고 카민이라고도 부름)가 있다면 이를 진동 반응 실험에 사용해도 무방하며, 더 다양하고 화려한 색 변화를 관찰할 수 있습니다.

 : **색소를 바꿔도 되는 거면 포도당 대신 집에 있는 설탕을 사용하는 것도 가능해?**

 : **한번 보자. 설탕의 성분이 자당이니까… 맛있겠네.**

 : **동방왕의 실험 제자들아. 무무에게 설탕 먹일 시간이야!**

 : **무무, 가만히 있어.**

  : **(설명해 주실 거죠?)**

포도당과 자당은 모두 탄수화물로 전자는 **단당**單糖, monosaccharide, 후자는 **이당**二糖, disaccharide입니다. 이당의 '이'는 두 개의 단당 분자가 탈수 결합하여 형성됨을 나타냅니다. 달리 말하자면, 이당을 가수분해하면 두 개의 단당으로 돌아갑니다. 우리가 흔히 볼 수 있는 단당에는 포도당, 과당, 갈락토오스가 있습니다. 대표적인 이당으로는 자당, 맥아당, 유당이 있습니다. 여기서 맥아당은 포도당 두 개가 결합한 것이며, 자당은 포도당 한 개와 과당 한 개가 결합하여 만들어진 것입니다.

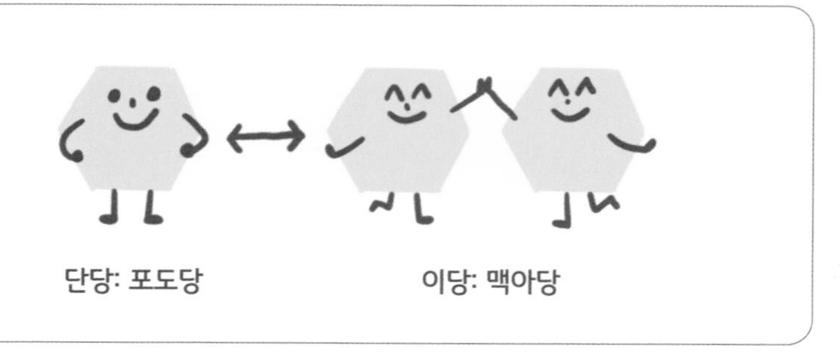

자당은 포도당을 생성할 수 있지만, 이를 위해서는 산을 촉매로 사용하는 가수분해 반응이 필요합니다. 또한 포도당은 염기성 조건에서만 환원 능력을 발휘할 수 있습니다. 위 실험에서 포도당은 가정용 설탕으로 대체가 불가능합니다. 흔히 볼 수 있는 단당과 이당 중 자당만이 구조적 특성 때문에 환원 반응을 일으키지 못하기 때문입니다. 반면 나머지 다른 당류는 모두 각기 다른 조건에서 환원제로 작용하기 때문에 이들을 **환원당**이라고도 부릅니다. 본문의 실험에서 포도당을 사용한 이유는 비용이 싸고 쉽게 구할 수 있기 때문입니다.

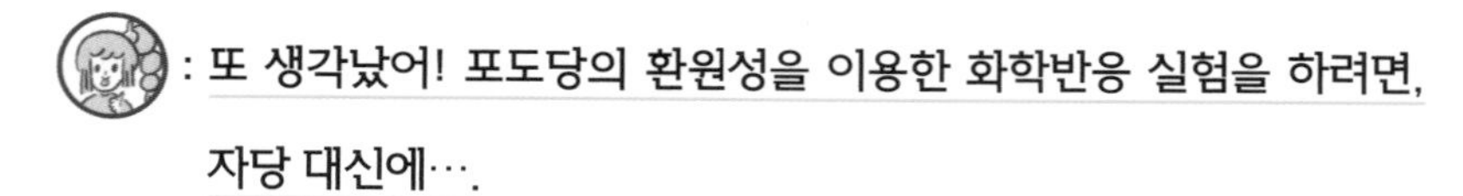

: **또 생각났어! 포도당의 환원성을 이용한 화학반응 실험을 하려면, 자당 대신에….**

: **비타민C를 사용해도 될걸?**

: **흥! 내가 먼저 생각해 낸 건데!**

 : 싸우지 말고 어서 한번 해 보자.

이 실험에서는 다양한 재료를 이용할 수 있습니다. 그리고 색이 변하는 과정에서 대부분 파란색이 포함되어 청색병 실험이라고도 부릅니다. 인터넷에 **청색병 실험**을 키워드로 검색하면 다양한 조합의 실험 방법을 찾을 수 있습니다. 색 변화를 일으키는 물질 중 가장 흔히 사용되는 약품은 식용 색소가 아니라 **메틸렌블루**입니다. 메틸렌블루는 산화되면 파란색을 띠고, 환원되면 무색을 띠는 특성이 있습니다.

산화 환원 반응에 따라 생성물의 색이 변하는 이 개념은 다양한 산·염기 농도에서 색이 달라지는 산·염기 지시약을 연상시킵니다. 사실 메틸렌블루는 실험실에서 산·염기 지시약으로 사용되기도 하지만 **산화 환원 반응의 지시약**으로도 흔히 쓰입니다.

 : 산·염기 반응과 산화 환원 반응은 서로 좀 비슷한 것 같지 않아?

 : 둘 다 반응 이름이 어렵다는 점?

 : 그런 게 아니라, 둘 다 반응 과정에서 색 변화가 일어나는 점, 지시약을 사용하는 점, 하나는 반응 과정에서 수소 이온과 수산화 이온이 이동하고 다른 하나는 전자가 이동하는 점 말이야.

 : 너한테만 몰래 알려줄게! 수소 이온과 수산화 이온은 아레니우스의

산·염기 정의에서 나온 개념이야. 하지만 좀 더 넓은 의미에서 전자의 이동으로 산과 염기를 정의하는 과학자들도 있어.

: 오, 멋진데?

: 물론이지, 화학은 이렇게 재미있는 학문이라니까. (머리를 쓸어넘긴다)

1) '청색병 실험'과 같은 원리로 진행되는 실험을 조사해 보고, 해당 실험에서 사용되는 재료를 크게 색 변화를 일으키는 물질, 반응 조건, 환원제로 분류해 보세요.

2) 과당도 가정에서 흔히 볼 수 있는 환원당입니다. 포도당 대신 과당을 사용하여 실험을 진행해 보고 어느 것이 더 효과가 좋은지 비교해 보세요.

교과 학습 내용

- 산화 환원 반응
- 화학 반응의 속도와 균형

알루미늄 포일로 만드는 수소 기체

: 페트병으로 실험하니까 편하기는 한데, 작은 병 하나로만 실험하니까 재미가 없어.

: 그렇지 않아. 흔들기만 해도 색이 변해서 보는 재미가 있어.

: 하지만 나는 진짜 폭발하는 그런 재미를 원해!

: 삐삐삐! 위험 감지!

: 두려워할 필요 없어. 이번 기회에 수산화나트륨으로 계속 실험해 보자!

EXPERIMENT

실험 재료 : 변기 막힘 제거제(건조형, 수산화나트륨 성분), 알루미늄 포일, 라이터, 페트병, 보호용 안경이나 안경 등의 보호 장비

실험 과정 :

❶ 약 1cm 너비의 알루미늄 포일을 아주 작은 조각으로 잘게 찢어서 준비해 주세요.

❷ 물 100ml에 변기 막힘 제거제(수산화나트륨) 10g을 넣고 흔들어 수산화나트륨 용액을 만들어 주세요. 완성된 수산화나트륨 용액을 페트병에 부어 넣습니다.

본 실험에서 사용하는 수산화나트륨 용액은 앞서 실험에서 사용했던 것보다 농도가 높기 때문에 그만큼 훨씬 더 위험합니다. 따라서 실험에 임할 때는 반드시 보호 장비를 착용하고, 용액을 조심스럽게 다뤄야 합니다. 수산화나트륨 용액이 튀었다면 흐르는 물에 씻어 내야 합니다!

❸ 페트병 안의 용액이 식을 때까지 기다린 후, 알루미늄 포일 조각을 병 안에 넣어 주세요. 이때 알루미늄 포일 조각이 수산화나트륨 용액과 반응하여 기체를 생성합니다. 아울러 용액 온도가 약간 상승하면서 반응 속도가 빨라지니 내부 용액이 바깥으로 튀는 것을 조심하세요.

❹ 기체의 생성 속도가 안정되었을 때(페트병에서 나는 치익치익 소리가 줄어들 때) 라이터의 불을 켜서 페트병에 가까이 가져가세요. 불꽃이 기체와 닿는 순간 불이 붙어 폭발음이 발생합니다.

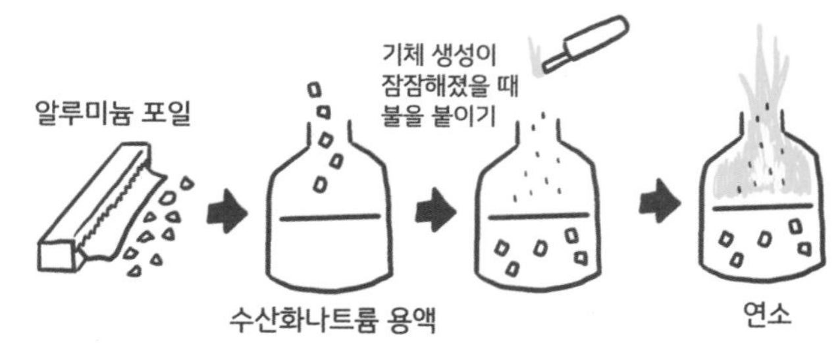

주목! 위 실험에서 생성된 기체는 가연성이 있으므로 대량으로 만들어서는 안 됩니다. 그리고 불을 붙이기 전에 반드시 주변에 가연성 물질이 없는지 재차 확인하여 사고 위험을 방지해야 합니다.

: 효과가 정말 대단한데! 가연성 기체라… 산소는 아니겠지?

: 당연하지. 산소는 연소를 돕는 기체잖아. 가연성이라… 설마 수소?

: 맞아. 좀 전에 페트병 안에서 생성된 것은 바로 수소 기체야.

지구상의 많은 물질이 연소될 수 있습니다. 일상에서 흔히 보는 연료는 대부분 **탄소 원소**와 **수소 원소**를 가지고 있습니다. 예를 들어 바비큐용 숯의 주성분은 탄소로, 연소 후 이산화탄소를 생성합니다. 가정용 천연가스, 통에 담긴 액화 석유 가스(LPG), 라이터 연료 등은 모두 탄소와 수소를 포함하고 있어, 이런 물질들은 보통 탄화수소라고 불립니다. 탄화수소를 포함한 물질은 연소 후 이산화탄소와 물을 생성합니다.

위 실험의 주 연료는 수소 기체입니다. 불을 붙인 후 병을 자세히 살펴보면 물방울이 살짝 맺혀 있는 것을 볼 수 있는데, 이는 수소 기체가 연소한 후 생성된 수증기가 응결되어 형성된 것입니다. 이산화탄소는 오염을 쉽게 일으키지만, 수소가 연소한 후 남은 부산물은 환경에 부담을 주지 않습니다. 그래서 과학자들은 기체 형태의 수소를 압축하여 만든 '**액체 수소**'를 미래 에너지원으로 주목하고 있습니다.

: 그런데 금속은 산과 반응할 때만 수소가 생기는 거 아니야?

: 하하! 그건 알루미늄의 독특한 특성과 관련이 있어.

금속의 활성 순위표는 어떤 금속이 산화 환원 반응에서 얼마나 활발하게 반응하는지를 보여줍니다. 이중 일부 금속은 수소 이온을 포함하고 있는 산성 용액과 닿으면 산화 반응이 일어나고, 이로 인해 수소 이온이 수소 기체로 환원됩니다. 따라서 실험실에서 소량의 수소 기체를 만들고 싶다면 이처럼 금속 조각을 산과 혼합하는 방식을 사용할 수 있습니다.

그런데 산성 용액뿐 아니라 염기성 용액과도 반응하여 수소 기체를 생성하는 금속들도 있습니다.(이 과정에서 금속착화물이 형성되는데, 내용이 복잡하므로 여기서는 깊게 다루지 않겠습니다) 이처럼 산과 염기에 모두 반응할 수 있는 금속을 **양쪽성 금속**이라고 부릅니다. 대표적으로 알루미늄, 주석, 아연, 납이 여기에 속합니다. 위 실험은 알루미늄의 이러한 특성을 활용한 것으로, 알루미늄 포일이 염기성을 띠는 수산화나트륨 용액과 만나면 가연성이 있는 수소 기체가 발생합니다. 주석 역시 양쪽성 금속에 속하기 때문에 이 원리에 따라 알루미늄 포일 대신 **주석 포일**Tin Foil을 사용해도 비슷한 결과를 얻을 수 있습니다.

: 수소는 중국어로 '칭치(氫, 직역하면 가벼운 기체)'라고 말하잖아. 이름만 들어도 가볍다고 느껴져.

: 공기보다 가벼운 기체라는 의미에서 붙여진 이름이야. 이전에 기체의 밀도를 이용해 거품을 둥둥 뜨게 만들었던 실험에서도 수소 기체가 언급됐어!

: 맞아. 두 사람 모두 가연성 기체 실험에서 무사히 살아남은 걸 축하해!

: 그럼 축하하는 의미에서 아직 남은 이야기를 계속할게.

수소는 지구상에서 가장 가벼운 기체입니다. 다른 기체들과 비교했을 때 수소는 동일한 온도 및 압력 조건에서 밀도가 가장 낮기 때문에 자연스럽게 위로 상승합니다. 우리는 앞서 했던 실험에서 달걀이 소금물에 뜬다는 사실을 알게 됐는데, 이 현상은 소금물의 밀도가 달걀보다 커서 발생하는 현상입니다. 이처럼 물질은 밀도에 따라 떠오를 수도 있고 가라앉을 수도 있습니다. 마찬가지로 수소 기체는 공기보다 밀도가 낮기 때문에(보통은 '공기보다 가볍다'라고 표현함) 수소 기체를 사용하여 거품을 불거나 풍선을 채울 경우 공중에 떠다니는 현상을 관찰할 수 있습니다.

수소 기체를 채운 풍선은 공중에 떠오르지만 불꽃에 노출되면 타기 때문에 매우 위험합니다. 따라서 시중에 판매되는 공중 부양 풍선은 불꽃에 반응하지 않는 안전한 **헬륨 기체**로 채웁니다.

여기서 '공기보다 가볍거나 무겁다'라는 표현은 사실 해당 물질의 '평균 무게'를 기준으로 비교한 것입니다. 왜냐하면 공기 자체는 질소, 산소, 이산화탄소, 수증기 등을 포함한 혼합물이기 때문에 공기를 하나의 단일 물질로 볼 수 없기 때문입니다. 그래서 과학자들은 공기 중에 포함된 여러 물질의 무게와 함량을 모두 고려하려 평균을 계산한 후, 가장 흔하게 존재하는 기체들끼리 비교를 했습니다. 그 결과, 같은 조건에서 이산화탄소, 공기, 수소, 헬륨의 무게 비율이 **44 : 28.9 : 2 : 4**로 나타났습니다. 이 비율은 이산화탄소가 공기보다 무겁고, 수소와 헬륨은 공기보다 가벼움을 나타냅니다.

: 과거 라부아지에는 수소 기체의 이름을 'hydro(물)+genes(생성)'라고 지었는데, 물을 만들어 낸다는 의미를 담고 있어.

: 아하, 지난번에 일본어로 쓰인 광고에서 水素(수소)라는 글자를 봤었는데, 그게 수소 기체라는 뜻이었구나!

: 맞아.

: 그럼 酸素(산소)는 산소 기체, 水素(수소)는 수소 기체, 나는… 실험을 사랑하는 예나!

: 인간의 언어는 정말 이해할 수 없다니까!

1) 위 실험에서 사용한 페트병 입구에 풍선을 끼워 수소 가스를 모아보세요. 풍선이 떠오를 만큼 부력이 생기려면 풍선 크기가 어느 정도로 커져야 하는지 실험해 보세요.

2) 액체 수소 연료는 연소 과정에서 오염을 일으키지 않고 깨끗한 산물을 만들어 내기 때문에 많은 기대를 받고 있으나, 몇 가지 이유로 아직 널리 사용되지 않고 있습니다. 인터넷에서 관련 자료를 찾아보고, 액체 수소 연료가 보편화되지 못하고 있는 이유를 알아보세요.

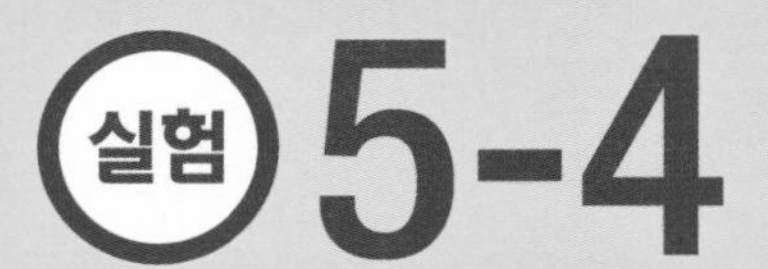

교과 학습 내용

- 산화 환원 반응
- 유기 화합물의 성질과 반응
- 지속 가능한 발전 및 자원 활용

요구르트병으로 만드는 알코올 총

: 내가 청소하다가 무엇을 주웠는지 맞춰 봐. 바로 라이터야!

: 소중한 내 깃털, 벌써 걱정된다!

: 걱정 마. 저건 다 쓴 라이터야. 누가 멋대로 버렸나 봐.

: 라이터? 선생님이 좀 전에 딱 알맞은 크기의 요구르트병을 주웠는데 말이지….

EXPERIMENT

실험 재료 : 안 쓰는 퍼즐 매트, 다 쓰고 난 압전식 라이터, 버리는 충전 케이블, 요구르트병(폴리프로필렌, 5번 플라스틱), 알코올(75% 소독용)과 분무기, 바늘, 라이터, 절연 테이프

실험 과정 :

❶ 요구르트병 입구의 크기보다 살짝 큰 원형으로 퍼즐 매트를 잘라주세요. 잘라낸 조각은 탄환으로 사용합니다. 장전과 탈착이 편리하도록 병 입구를 쐐기 모양으로 잘라주세요.

❷ 라이터를 분해하여 압전 부품(점화 장치 부분_역주)을 꺼내주세요. 미사용 라이터도 분해는 가능하나, 내부의 액체 연료가 기화되어 사라질 때까지 기다렸다가 사용해 주세요. 이 부품에는 빨간색 전선이 달려 있는데, 이 전선이 손상되지 않도록 주의합니다.

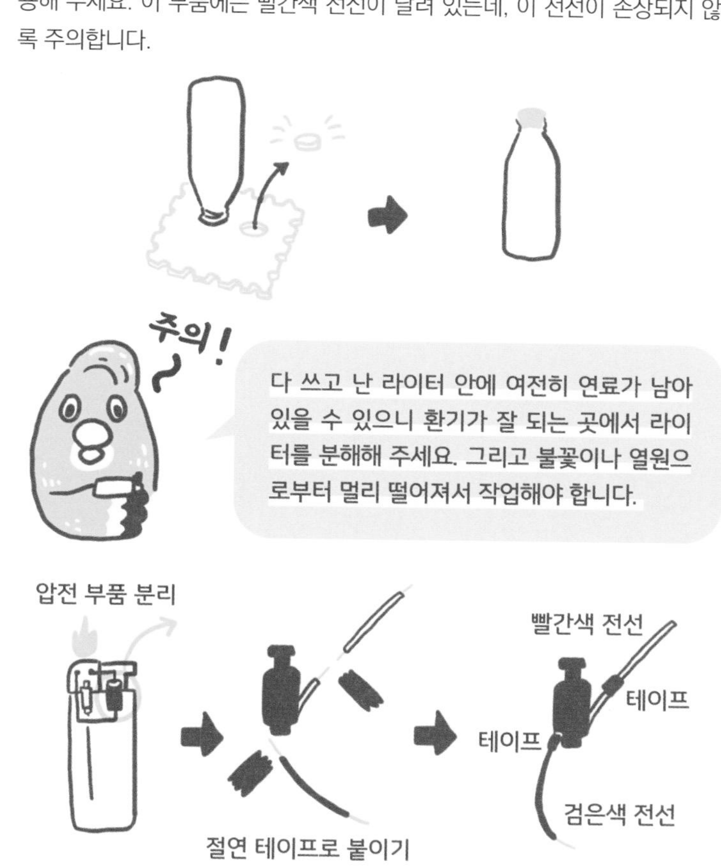

❸ 사용하지 않는 충전 케이블을 준비해 주세요. 충전 케이블의 일부를 잘라낸 다음, 전선을 감싸고 있는 가장 바깥쪽 피복을 벗겨내면 빨간색 선과 검은색 선이 보일 것입니다. 이 선들을 각각 약 5cm의 길이로 잘라주세요. 그다음 전선 내부의 구리선이 드러나도록 빨간색 및 검은색 전선의 피복을 조심스럽게 벗겨 주세요.

❹ 압전 부품에 달린 전선을 빨간색 전선의 구리선과 연결한 후 절연 테이프로 고정합니다. 검은색 전선의 구리선은 점화 스위치에 해당하는 부위(검은색 원형)에 접촉시킨 후 절연 테이프로 고정합니다.

❺ 라이터로 바늘을 달군 다음 요구르트병 몸통에 약 0.5cm 간격으로 구멍 2개를 뚫어주세요. 구멍은 전선이 들어갈 수 있을 만큼의 크기면 됩니다.

❻ 두 전선의 구리선을 각각 구멍에 끼워 넣고 절연 테이프를 사용해 두 전선을 고정시킵니다. 전선의 두 극이 서로 접촉하지 않는지 병 내부를 관찰합니다.

❼ 요구르트병 안에 알코올을 1~2회 분무한 다음, 알코올이 증발하도록 병을 살짝 흔들어 주세요. 그런 다음 탄환을 장착해 주세요.

❽ 병 입구의 탄환이 사람이나 화기가 없는 방향으로 향하게 한 다음, 압전 장치를 눌러 발사합니다. 병 내부에 알코올 증기가 많을 경우, 병 입구에서 화염이 튀어나오는 것을 볼 수 있습니다.

 : 장난 아닌데! 어마 무시한데?

 : 이 점화 장치의 원리는 무엇이죠?

 : 누르면 소리가 나는 것이 가스레인지 점화할 때랑 비슷해!

 : 맞아. 둘 다 모두 압전 부품을 사용한단다.

이처럼 버튼을 누르면 점화가 되는 라이터들은 보통 '**압전 효과**'를 발생시키는 압전 부품을 점화 장치로 사용합니다. 압전 효과를 내는 소재는 내부의 원자 배열이 특별하게 되어 있어서, 외부에서 힘이 가해져 변형이 되면 전하 분포에 영향을 주어 전류가 만들어집니다. 간단히 말해, 압전 부품은 외부로부터 받는 압력(또는 기계 에너지)을 전기 에너지로 변환하는 장치입니다.

분해한 압전 부품을 '누르면 전기가 흐르는 배터리'라고 생각해 봅시다. 이때 압전 부품에 연결한 두 개의 전선은 각각 배터리의 양극과 음극에 해당합니다. 만일 양극과 음극이 서로 접촉하면 단락(전류 흐름이 끊기는 현상_역주)이 발생하게 되며, 심지어는 화재가 발생할 수 있습니다. 아주 가까운 거리에서 관찰하면 번개와 같은 **전기 아크**Electric Arc(전기 불꽃)를 볼 수 있습니다.

일반적으로 사용하는 라이터가 바로 전기 아크의 원리를 이용한 대표적인 예입니다. 전기 아크가 가스 연료를 점화 온도에 도달하게 하여 연료가 불꽃을 형성하고 점화가 되는 것입니다. 가정용 가스레인지, 가스버너 등이 점화될 때 나는 소리도 이와 비슷한 원리로 발생합니다. 그래서 휴대용 조리 도구의 점화 장치가 고장 났을 때는 라이터에서 분해한 압전 부품으로 대체할 수 있습니다.

: 그런데 말야, 요구르트병보다 더 큰 페트병으로는 만들면 안 되는 거야? 내가 한번 직접 시도해 보겠어!

: 정신 차려! 그건 위험하다고!

: 페트병 대신에 요구르트병을 사용한 이유는 안전 때문이야.

요구르트병으로 만드는 알코올 총의 원리를 간단히 설명하자면, 먼저 라이터의 점화기를 이용해 요구르트병 안의 알코올 증기에 불을 붙이면 알코올 증기가 연소하기 시작하면서 열을 발생시킵니다. 이 열로 인해 병 내부의 공기가 가열되면서 기체의 부피가 팽창하게 되고, 그에 따라 병 내부 압력도 증가하여 이것이 '탄환'을 밀어 내는 힘으로 작용하게 됩니다. 이 실험에서는 점화 과정이 포함되기 때문에 알코올 총의 몸체는 점화 시 불꽃에 타거나 녹지 않아야 하며, 유해 물질을 방출하지 않는 재료로 만든 것이어야 합니다. 본 실험에서 사용한 요구르트병의 재활용 마크 번호는 **5번**으로, 주성분은 **폴리프로필렌**(약칭 PP)입니다. 폴리프로필렌은 100~140℃의 고온을 견딜 수 있는 **내열 플라스틱**으로, 전자레인지 용기로 사용됩니다.

우리가 일상에서 흔히 사용하는 플라스틱병은 **1번**으로 표시된 페트병입니다. 페트병의 성분은 **폴리에틸렌 테레프탈레이트**PolyEthylene Terephthalate로, 줄여서 PET라고 부릅니다. PET로 만든 플라스틱은 제조 비용이 저렴하지만, **산과 염기 그리고 고온에 약하다**는 단점이 있습니다. 또한 일반 음료수를 담는 용도로는 적합하지만 반복 사용은 권장되지 않으며, 약 90℃의 뜨거운 물에 노출되면 녹거나 변형될 수 있기에 위 실험 재료로는 적합하지 않습니다.

: 폴리 어쩌고라고 부르는 것들 모두 다 약자가 P로 시작하던데, 무슨 특별한 이유가 있는 거야?

: 왜냐하면 전부 다 중합체, 즉 폴리머(polymer)이기 때문이야.

: 어렴풋이 기억나는 것 같기도 한데….

: 그럼 복습 겸 내가 설명해 줄 테니까 잘 들어봐!

폴리머는 수천 개 이상의 작은 분자들이 화학 결합을 통해 서로 연결되어 형성된 고분자 물질입니다. 폴리머는 크게 자연적으로 만들어진 것과 인공적으로 합성하여 만들어진 것으로 나뉩니다. 우리가 일상에서 흔히 보는 플라스틱이나 '폴리 어쩌고'라고 부르는 물질들 대부분이 **인공 합성 폴리머**입니다. 반면 단백질, 전분, 셀룰로스 등은 **천연 폴리머**에 속합니다.

폴리머를 형성하는 작은 분자들은 해당 폴리머의 **단량체**monomer라고도 부릅니다. 예를 들어 앞서 실험에서 사용한 5번 플라스틱인 폴리프로필렌를 구성하는 단량체는 프로필렌입니다. 우리에게는 스티로폼이라는 이름으로 더 알려진 폴리스티렌의 단량체는 스티렌입니다. 반면 천연 폴리머는 이름만으로 단량체가 무엇인지 가늠하기 어렵습니다. 가령 전분의 단량체는 포도당인데, 포도당 분자들의 배열 방식을 바꾸면 셀룰로오스라는 폴리머가 됩니다.

그 밖에도 폴리머는 반드시 한 종류의 단량체만으로 구성되지 않습니다. 인공 합성 폴리머인 **나일론**은 특정 종류의 산과 아민을 결합하여 만들어진 것입니다. 천연 폴리머인 단백질은 **아미노산**이라고 불리는 물질들로 구성되어 있는데, 다양한 아미노산 분자들이 서로 다른 방식으로 배열되어 각기 다른 기능을 가진 단백질을 형성합니다.

: 생각해 봤는데, 알코올이 없으면 어떤 연료를 사용할 수 있을까?

: 수소 기체를 사용하면 되지 않을까? 아니면 직접 가스를 주입하면 안 될까?

: 어떤 방법이 그나마 안전한 방법인지 잘 모르겠어.

: 불을 붙인다고 해서 반드시 폭발하는 건 아니야. 폭발 여부는 주변의 산소량 및 가연성 물질의 양에 의해 달라져. 그리고 폭발 가능한 농도 범위를 '폭발 한계'라고 부른단다.

: 이 폭발 한계의 하한계가 낮을수록 더 위험하겠지?

: 얼른 자료를 찾아보자.

: 이제 보니 내 깃털이 지금까지 무사했던 건 그동안 이런저런 실험을 많이 한 덕분이었어.

1) 압전 부품에 힘을 가하면 전기가 생성되는 이 특성은 어디에 또 응용될 수 있을까요?

2) 우리가 흔히 접하는 폴리머인 플라스틱은 대체로 절연체로 알려져 있지만, 2000년 노벨화학상 수상자들의 연구는 폴리머에 대한 사람들의 고정 관념을 깨뜨렸습니다. 인터넷 검색을 통해 그들이 어떤 플라스틱을 연구했는지, 또 그들의 연구가 어떤 기여를 했는지 알아보세요.

교과 학습 내용

- 전자기 현상
- 생활 속 과학 응용

압전 부품으로 만드는 카드

: 누르면 전기가 만들어지고, 전기 아크도 볼 수 있는 카드를 만든다면….

: 그럼 그 카드에 무슨 말을 쓰지?

: 나는 당신에게 빠졌다?

: 아니, 아니. '알코올에서 멀리 떨어지세요'라고 써야 해.

: '점화 장치가 달려있으니 가연성 물질과 가까이 두지 마세요'라고 쓰는 게 좋겠네.

: 맙소사. 경고 메시지를 적은 카드라니!

EXPERIMENT

실험 재료 : 짙은 색의 폴리에틸렌(PE) 보드, 알루미늄 포일, 압전 부품, 버리는 전선이나 구리선, 양면테이프, 절연 테이프, 가위 등 도구

실험 과정 :

❶ 버리는 전선을 약 2cm 길이로 자른 뒤, 전선의 피복을 제거하여 구리선을 꺼내 주세요.

❷ 짙은 색의 폴리에틸렌(PE) 보드를 카드로 사용합니다. 알루미늄 포일 2장을 좋아하는 모양으로 잘라서 PE 보드 위에 붙입니다. 주의할 점은 알루미늄 포일 조각끼리 최소 3cm 이상 떨어져 있어야 합니다. 또한 둘 중 한 조각은 집의 지붕 모양처럼 가급적 뾰족한 부분이 있도록 잘라 주세요.

❸ 구름 모양으로 자른 포일 조각의 하단에 구리선을 절연 테이프로 붙입니다. 이때 구리선을 붙이는 위치가 지붕 모양의 포일 조각과 가깝되 서로 닿지는 않아야 합니다. 둘 사이의 간격은 약 0.5cm가 적당합니다.

❹ 압전 장치를 분리합니다. 그다음 압전 장치에 달려있는 두 개의 전선을 각각 두 알루미늄 포일 조각에 절연 테이프로 고정시켜 주세요. 모든 준비가 끝나면 압전 부품을 눌러 주세요. 구리선과 가까이 있는 지붕 꼭대기 부분에서 전기 아크가 발생해 마치 구름에서 번개가 내리쳐 지붕 위에 떨어지는 것처럼 보일 것입니다. 세상에 하나뿐인 번개카드 완성입니다!

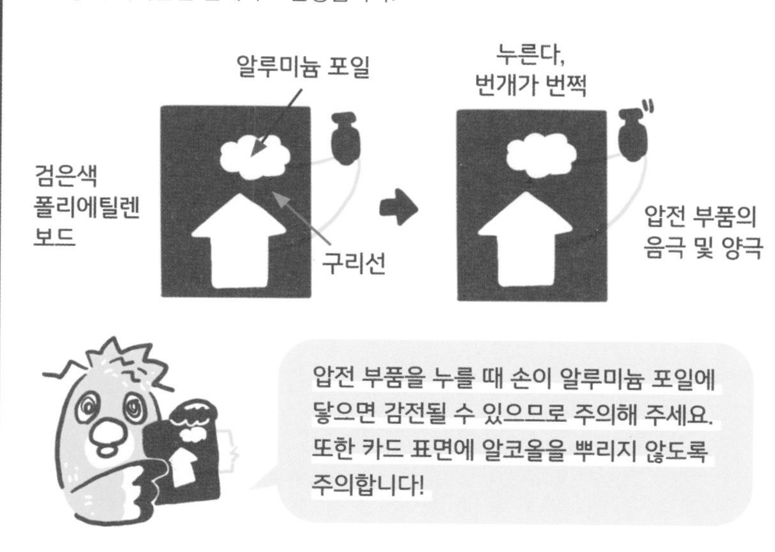

: 방금 한번 만져봤는데, 감전된 느낌도 나쁘지 않네.

: 그래? 나도 한번 해봐야지!

: 괜찮을 리가 없는데. 앗, 나도 감전됐네.

: 다들 제정신이야? 지금부터 제가 위험한 이유를 설명해 드릴게요.

전기가 흐르는 알루미늄 포일을 실수로 만졌다 해도, 손가락이 살짝 저린 정도의 느낌만 들 것입니다. 하지만 눈에 보이는 전기 아크가 만들어졌다는 것은 두 전극 사이의 전압이 충분히 높다는 것을 의미합니다. 따라서 손가락이 알루미늄 포일에 직접 닿지 않고 근접하기만 해도 감전될 가능성이 있습니다.

사실 압전 부품은 한번 누를 때 수천 볼트에 달하는 높은 전압이 만들어집니다. 이 정도면 가정용 전압보다도 훨씬 큰 수준입니다. 하지만 이는 누르는 순간에만 발생하기 때문에 인체에 해를 끼치지는 않습니다.

하지만 몸 안에 **심장 박동 조율기**와 같은 전자 기기를 이식한 사람은 압전 부품을 사용할 때 주의해야 합니다. 심장 박동 조율기를 이식한 사람은 핸드폰을 사용할 때 30cm의 안전거리를 유지하라는 권고를 받는데, 이는 전자파 간섭을 피하기 위함입니다. 전자와 자기는 상호 연계되어 발생되는 현상으로, 순간적으로 발생하는 높은 전압이

자기장을 발생시켜 심장 박동 조율기의 작동에 영향을 미칠 수 있습니다.

: 누르면 전기가 흐르니까, 이걸 전기 기구에 연결하면….

: 이 전기는 오래 지속되지 않기 때문에 아마 작은 기구에만 사용할 수 있을 거야. 여기 LED 전등이 있네. 한번 연결해 보자.

: LED 전등으로 시험해 보기 전에 몇 가지 주의해야 할 점이 있어.

압전 부품을 사용하면 전압 문제는 걱정할 필요가 없습니다. 하지만 발광 다이오드라고도 불리는 LED 전등은 한 방향으로만 전기가 흐르도록 내부 구조가 특수하게 설계되어 있습니다. 따라서 LED의 양극과 음극을 올바른 방향으로 연결해야 전기가 통할 수 있습니다. LED에는 길이가 다른 두 개의 핀(다리)이 있는데, 긴 핀이 양극이고 짧은 핀이 음극입니다. 전기 회로에서 빨간 전선은 보통 양극을 나타내므로, 여기에 LED의 긴 핀을 연결해야 합니다. 반대로 LED의 짧은 핀은 음극을 나타내는 검은색 전선에 연결하면 됩니다. 위 실험에서는 실험자가 실험 장치에 전선을 직접 연결해야 하므로, 만약 처음 연결했을 때 불빛이 나지 않는다면 양극과 음극의 위치를 바꿔 다시 연결해 보세요.

: 이 작은 압전 부품 하나로 무한한 상상을 할 수 있다니!

: 예전에 이 소리를 들었을 땐 그저 라이터나 가스레인지에서 나는 소리로만 생각했는데, 이제는 이걸 누르면 전기가 만들어진다는 걸 알게 되었어. 갑자기 아이디어가 샘솟는 걸!

: 나도 아이디어가 생각났어. 너희들이 내게 빨간 불빛이 나오는 LED 명함을 만들어 줬으면 좋겠어!

압전 효과를 만들어 내는 재료를 **압전 소재**라고 부릅니다. 압전 소재는 천연 광물부터 인공 물질에 이르기까지 매우 다양합니다. 현재 가장 주류를 이루는 압전 소재는 **세라믹**으로 만든 압전 세라믹입니다. 압전 효과는 1880년대에 자크 퀴리Jacques Curie와 피에르 퀴리Pierre Curie(물리학자 마리퀴리Marie Curie의 남편) 형제가 석영 광물을 통해 처음으로 발견하고 제시한 이론입니다.

1) 지붕과 구름 모양 외에도 다양한 모양을 시도해 보세요. 전기 아크가 발생하는 나만의 특별한 카드를 만들어 보세요.
2) 압전 효과는 '기계 에너지'를 '전기 에너지'로 변환시켜주는 현상입니다. 일상에서 사용되는 다양한 발전 장치들은 어떤 형태의 에너지를 어떻게 전기 에너지로 변환하는지 생각해 보세요. 각 발전 장치들의 에너지 변환 효율을 비교해 보고, 내가 생각하는 가장 효율적인 발전 방식을 제안해 보세요.

교과 학습 내용

- 기체
- 물질의 반응 규칙
- 산·염기 반응

병을 직접 누르지 말고 수산화나트륨에 맡겨주세요

 : 병을 이용하는 실험을 한참 했더니 치워야 할 병이 산더미네. 이걸 언제 다 치우지?

 : 병을 하나하나 밟으려니까 너무 귀찮고 피곤해.

 : 손을 쓰지 않고 저 병들이 저절로 납작해졌으면 좋겠어.

 : 이런. 그건 마법이잖아.

 : 너희들의 소원을 잘 들었으니, 이제부터 과학 마법을 부려볼까?

EXPERIMENT

실험 재료 : 배수관 막힘 클리너(고체 수산화나트륨), 베이킹소다, 구연산, 페트병, 긴 라이터, 적당한 크기의 용기 및 섞는 도구

실험 과정 :

❶ 수산화나트륨 5g을 물 50g에 넣고 저어서 녹여주세요.

❷ 페트병 안에 구연산 작은 한 수저와 베이킹소다 작은 한 수저를 넣은 다음, 약 50ml 정도의 물을 부어주세요. 이때 병 안에서 이산화탄소 기체가 발생합니다.

이 과정에서 용액 온도에 주의하세요. 또한 용액이 튀어 다치는 것을 방지하기 위해 보호 장비를 착용해 주세요.

❸ 라이터의 불을 켠 뒤 병 입구 가까이 가져가 보세요. 불꽃이 꺼지면 병 내부에 이산화탄소의 양이 충분하다는 의미입니다. 그다음, 수산화나트륨 용액을 병 안에 붓고 뚜껑을 닫아 주세요. 페트병을 가볍게 흔들어 준 다음 잠시 가만히 놔둡니다.

❹ 몇 초 후 병이 점점 납작해지는 것을 볼 수 있습니다. 압력을 가하지 않아도 페트병이 저절로 납작해집니다.

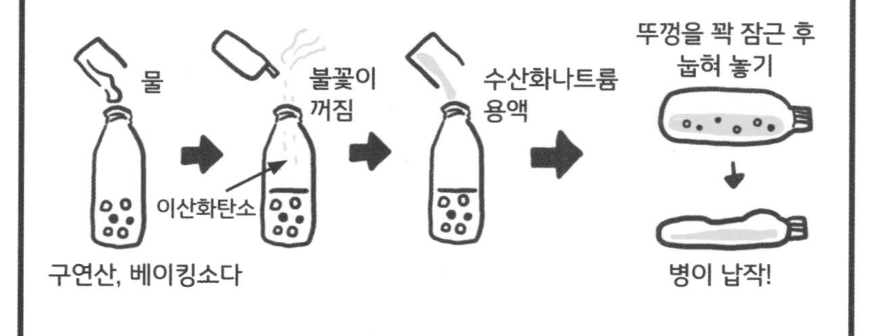

 : 진짜 마법인가 봐. 그래도 난 안 놀라지롱!

 : 마법이 아니라 과학이라니까. 수산화나트륨이… 아! 수분을 흡수했지!

: 맞아. 수산화나트륨은 수분을 흡수하는 성질이 있어.

가성소다 또는 **소다회**라고도 불리는 수산화나트륨은 산·염기 지시약의 색 변화를 일으키며, 양쪽성 금속과 반응하는 특성이 있습니다. 이뿐만 아니라 수산화나트륨에는 **수분을 흡수**하는 성질도 있습니다. 고체 상태의 수산화나트륨은 공기와 접촉했을 때 공기 중의 수분 및 이산화탄소를 흡수하여 표면이 축축해지거나 심지어 물이 고일 수도 있습니다.

수산화나트륨의 수분 흡수를 방지하기 위해서는 필요한 만큼의 수산화나트륨을 꺼낸 뒤 빠르게 뚜껑을 닫아 습기와 차단해야 합니다.

본문의 실험에서는 먼저 구연산과 베이킹소다를 반응시켜 충분한 양의 이산화탄소를 만든 다음 수산화나트륨 용액을 병에 부어주었습니다. 이때 병 안의 이산화탄소 기체가 수산화나트륨 용액에 대거 흡수되어, 손을 대지 않고도 병이 납작해지는 것입니다.

: 습기를 흡수한다는 건… 수산화나트륨이 희석된다는 것을 의미하나요?

: 그것만이 아니야. 이 과정에는 산·염기 중화 반응도 포함되어 있어.

: 이산화탄소가… 설마 그 전설의 탄산?

이산화탄소가 물에 녹으면 약산성의 탄산 수용액이 형성됩니다. 그래서 수산화나트륨이 공기 중의 이산화탄소를 흡수할 때 실제로는 산·염기 중화 반응이 일어나는 것이며, 이 과정에서 물과 탄산나트륨(소다), 심지어 탄산수소나트륨(베이킹소다)이 생성됩니다. 하지만 소다와 베이킹소다 모두 염기성 염(산·염기 중화 반응으로 생성되는 화합물 중 완전히 중화되지 않고 수산화물 이온을 함유하고 있는 염_역주)입니다. 이 말은 즉, **산·염기 중화 반응의 최종 생성물이 반드시 중성 상태가 되는 것은 아님**을 의미합니다.

염이 산성 또는 염기성을 띠는 것은 염이 물에 용해되면서 염을 구성하는 이온들이 물과 반응하여 산성 또는 염기성을 나타내기 때문입니다. 이를테면 수산화나트륨은 강염기이고, 탄산은 약산입니다. 강염기와 약산이 중화되면 그 생성물은 염기성을 띠고, 강산과 약 염기가 중화되면 산성을 띤 생성물이 만들어집니다. 그리고 강산과 강염기가 중화되면 최종 생성물은 중성이 됩니다.

: **산·염기 지시약으로 확인해 보면 되잖아. 재미있겠는데!**

: **하지만 수산화나트륨이 수분을 흡수하기 때문에 산·염기 적정(농도를 알고 있는 산(또는 염기)으로 염기를 중화시켜 해당 염기(또는 산)의 농도를 알아내는 방법_역주) 결과가 정확하지 않을지도 몰라.**

: 걱정 마. 이것도 표준화된 방법이 있어.

농도를 모르는 산성 용액은 염기성 용액과 반응시킨 후 염기성 용액의 사용량을 통해 산의 농도를 추정할 수 있습니다. 반대의 경우도 마찬가지입니다. 이 방법을 **적정** 또는 **산·염기 적정**이라고 부릅니다. 산·염기 용액은 대부분 무색이기 때문에 실험을 진행할 때 **산·염기 지시약**을 추가하면 반응 상태를 판단하는 데 도움이 됩니다.

염기성 용액 중 가장 흔히 사용하는 것은 수산화나트륨입니다. 하지만 수산화나트륨은 수분을 흡수하려는 성질이 있어서, 산·염기 적정을 하기 전에 일단 다른 산성 표준 용액으로 수산화나트륨을 적정하여 현재의 염기 농도를 확인해야 합니다. 이처럼 '적정 전에 수행하는 적정' 작업을 **표준화**standardization(또는 표정)라고 부릅니다. 수산화나트륨과 같이 습기를 끌어당기는 물질을 다룰 때는 먼저 표준화 작업을 하고 나서 적정을 진행하면 훨씬 더 정확한 농도를 알아낼 수 있습니다.

: 수산화나트륨이 이산화탄소가 들어 있는 병을 모두 납작하게 만들어줘서 일이 다 끝났어!

: 잠깐만, 아직 완전히 중화되지 않았을 수도 있으니까….

: 뚜껑을 열어서 물을 부어 내고 병을 한번 헹궈야 해. 그리고 다시 납작하게 눌러 재활용을….

: 엄마, 아빠. 저희가 잘못했어요. 앞으로 열심히 집안일 도울게요….

: 동방왕, 모두가 널 쳐다보고 있어. 나는 무서워서 먼저 갈게. 잊지 말고 내 저녁밥 사와!

사고 확장하기

1) 인터넷에서 위 실험과 같은 원리를 이용해 이산화탄소 분수를 만드는 실험을 검색해 보세요. 그리고 일상에서 구할 수 있는 재료를 사용해 직접 만들어 보세요.

2) 이 책과 수업에서 언급된 기체들의 성질을 표로 정리하고, 그 기체들을 검출하는 방법을 함께 첨부하세요. 그리고 위 실험의 대체재로 사용할 수 있는 물에 잘 녹는 기체를 찾아보세요.

과학 칼럼 원소 주기율표의 역사

일찍이 보일이 원소라는 개념을 제안했지만, '**화학 원소는 동일한 종류의 원자로 구성되어 있다**'라고 간결하게 정의할 수 있게 된 것은 돌턴과 아보가드로의 이론이 등장한 이후부터입니다. 이를테면 순수한 철은 철 원자로 가득 차 있습니다. 두 개의 산소 원자는 하나의 산소 분자를, 두 개의 질소 원자는 하나의 질소 분자를 형성합니다. 산소 원자, 질소 원자, 철 원자 심지어 금 원자 모두 화학 원소이며, 원소마다 고유의 원소 기호가 있습니다.

새로운 화학 원소의 발견은 새로운 연구 분야로 확장되었습니다. 원자는 너무 가벼워서 일상적인 무게 단위로는 측정하기 어렵습니다. 이에 따라 과학자들은 특정 원자(예를 들어 수소는 1로 정함)를 기준으로 다른 원자들의 무게를 비교하고, 이를 통해 얻은 상대적인 무게 값을 '**원자량**'이라고 불렀습니다. 실제로 새로운 원소가 발표될 때 해당 원소의 원자량도 함께 공개됩니다.

새로운 원소를 찾기 위한 경쟁이 활발했던 19세기 초, 전기학의 대가이자 후에 무기 화학의 아버지로 불리게 된 험프리 데이비 경Sir Humphry Davy은 무려 15개의 원소를 발견하며 당시 경쟁에서 선두 주자가 되었습니다. 특히 그가 사용한 전기분해 실험 방식은 새로운 원소의 발견에 큰 기여를 했으며, 19세기 중반까지 발견된 원소의 총개수는 60여 개에 달했습니다. 한편 또 다른 과학자들은 이 원소들을 어떻게 잘 정리할 것인가를 연구하기 시작했습니다. 대표적으로 독일의 과학자 요한 볼프강 되베라이너Johann Wolfgang Döbereiner, 영국의 화학자 존 알렉산더 레이나 뉴랜즈John Alexander Reina Newlands 등이 있습니다.

1896년은 과학계에 매우 중요한 해였습니다. 러시아 화학자 드미트리 멘델레예프Dmitri Mendeleev는 원자량을 기준으로 원소를 정렬하여 역사상 최초로 **화학 원소 주기율표**를 발표했습니다.

당시 주기율표는 현재 알려진 주기율표와는 다르지만, 많은 개념이 유사합니다. 일정 간격으로 비슷한 화학적 성질을 가진 원소들끼리 배열되는 점이 그렇습니다. 하지만 당시 주기율표에서 수직 및 수평으로 배열된 원소들이 현재 주기율표에서는 정반대로 배열되어 있습니다.

멘델레예프의 주기율표는 당시 알려진 모든 원소를 체계적으로 정리할 수 있었습니다. 그의 발견은 여기서 그치지 않았습니다. 멘델레예프는 원소를 원자량으로 정렬할 경우 일부 원소들의 화학적 성질이 규칙을 따르지 않는다는 점을 발견했습니다. 그리하여 그는 주기율표에 **아직 발견되지 않은 원소들의 자리를 비워두어야 한다**고 제안했습니다. 또한 일부 원소들의 원자량 데이터가 잘못되었을 가능성을 지적했습니다. 당시 비슷한 생각을 했던 다른 과학자들과 비교했을 때 멘델레예프의 접근 방식은 무척 대담했습니다. 이후 시간이 흘러 최초로 발표되었던 원자량 데이터가 실제로 정말 잘못되었음이 밝혀졌고, 그 뒤로 몇 년 후에는 그가 주기율표에 빈칸으로 남겨둔 위치에 해당하는 새로운 원소들이 차례로 발견되었습니다. 멘델레예프의 주기율표가 지닌 시대를 초월한 놀라운 가치는 과학계를 충격에 빠뜨렸습니다.

원소에 대한 멘델레예프의 기여를 기리기 위해 1955년에 합성된 101번 원소는 그의 이름을 따 '**멘델레븀**Mendelevium **(원소 기호 Md)**'으로 명명되었습니다. 현재 상트페테르부르크 대학에는 멘델레예프의 동상이 있으며, 그의 '주기율표 벽'도 함께 전시되어 있습니다.

현재 우리가 보는 주기율표는 1913년 영국의 과학자 헨리 귄 제프리스 모즐리Henry Gwyn Jeffreys Moseley의 연구 결과를 바탕으로 그려진 것입니다. 모즐리는 원자량 대신 원자핵 내의 양전하를 이용해 원소를 정렬하는 방법을 제안했습니다. 그가 제시한 방법은 멘델레예프의 주기율표가 가진 문제점을 수정하는 데 도움이 되었습니다. 이후 모즐리의 지도 교수인 러더퍼드가 원자핵 안에 양전하를 띠는 입자인 '양성자'를 발견함에 따라, 주기율표의 원소들은 원자핵이 가지고 있는 **양성자 수**, 즉 **원자 번호**에 따라 배열되었습니다.

안타깝게도 양성자를 발견했을 때 모즐리는 이미 전쟁으로 사망한 상태였습니다. 그는 27세의 나이로 세상을 떠나 자신의 연구 성과가 일궈낸 결과를 보지 못했습니다. 그의 지도 교수였던 러더퍼드는 노벨화학상을 받았으며, 평생 노벨상 수상자를 10명이나 양성해 냈습니다. 그는 모즐리가 일찍 세상을 떠난 것을 여러 차례 안타까워했습니다. 연구에 몰두한 지 불과 2년 만에 노벨상을 받은 수준에 이르렀던 이 과학자가 계속해서 연구를 이어나갔다면 이 세상에 더 많은 기여를 하지 않았을까요?